犬のバトン

竹本祐子
TAKEMOTO YUKO

幻冬舎MC

犬のバトン

目 次

第一走者 ピッポ ビーグル犬

第二走者 **醸**

ミニチュア・ダックスフント

ミニチュア・ダックスフント

第三走者 吟

ラブラドール・レトリーバー

伴走者

大 迷い猫

第四走者 米　ウィペット

代走最終走者 純 ウィペット

第一走者

ピッポ

ビーグル犬

昭和五十九年〜平成九年

我が家に犬がやってきた

物心ついた頃から、私の周りには犬と猫がいた。

造り酒屋には原料米を食べるネズミ退治のために、常に猫が飼われていた。三毛猫、トラ猫、ぶち猫。いろいろな和猫がいたが、中にはたくさんネズミを捕獲したつわものもいた。その猫は、迷い込んできたところを母に拾われたメスの三毛猫だった。

人間への恩返しなのか、本能のおもむくままか、捕獲したネズミを必ず人間に見せにくる習性があり、母が目覚めると枕元に息の根を止められたネズミが複数転がっていることも頻繁にあった（ネズミ嫌いの人にとっては、悲鳴を上げたくなる場面だろう）。

一人娘の母のところに婿養子にきた父は、犬が大好きだった。そこで、犬も飼うようになった。

いろいろな犬種が飼われてきた。柴犬、雑種、大型犬のコリーもいたし小型のマルチーズもいた。「お手」や「待て」など芸が上手な犬、優秀な番犬、愛嬌のある犬、上高地に捨てられてもけなげに帰ってきた犬もいた。

結婚し、約四年後に都会のマンション住まいから田舎の戸建ての家に移り住むようになると、私の長年の夢である「自分の犬」を飼うことが実現した。

そのとき飼ったのがビーグル。ピーナッツのスヌーピーが大人気であったし、たまたまドッグセンターにいたビーグル犬と目が合ってしまったのが、運のつき。

大きく垂れた耳が何とも言えずかわいらしく、子犬のときはまるで三頭身のようで、歩くぬいぐるみのようだった。黒、白、茶の三色がバランスよく配色され、尻尾の先は真っ白。これは気分よく歩くときの目印にもなって、植え込みがあっても尻尾の先だけは遠くからでもよく見えた。

昭和五十九年（一九八四年）五月、駅前の公園通りに、カフェテリアを開店した。

近くに大手の複合商業施設が開店したばかりで、街は若者で大いににぎわっていた。カフェテリアでは流行りのミュージックビデオを流し、昼から午後十一時まで営業する。夜はお酒も提供する。カフェバーなどとも呼ばれて、大いに繁盛した。

大きなモニターに映像を映し出す。当時、ＬＤ、いわゆる銀色のレーザーディスクが最先端だったが、今やもうどこにも売っていない。コンパクトディスクがレコードのサイズになっていると思えばよい。一番のヒットは前年発売されたマイケル・ジャクソンの『スリラー』だった。

金曜日の夜と土曜日は、かなり込み合った。店長はベテランの人間が務めていて、込み合うときは私も手伝っていた。飼ったばかりの子犬を連れて、アルバイトの若い子や店長に犬を見せに行った。急に団体さんが入ったから大変だと、店内はてんやわんやだった。私も急遽洗い場を手伝うことになり、仕方なく子犬は店の前の歩道の街路樹に繋いでおいた。

一段落して、もうアルバイトと店長だけで大丈夫と判断して帰ろうと思ったとき、店の外に人だかりができていた。何があったのだろうと見ると、連れてきたビーグル犬の周りを若い女の子たちがとり囲んで、代わる代わる抱っこをしたり、頭を撫でている。

「かっわいいー」などと、黄色い声が飛び交い、また順番待ちの子が早くしてと催促をする。抱かれた犬はまんざらでもない顔をして、若い女の子たちに尻尾を振ってみせている。またそのとり巻きを見て、通行人が何の騒ぎだろうと足を止めて見ている。あるいは怪訝な顔をして、黄色い声を上げる女の子たちを避けるように遠回りしていく大人たちもいる。

このままではまずいと思い、すみませんと人込みを掻き分けて、子犬のリードを街路樹からほどいた。それを見ていた女の子たちは、

「飼い主さんですか？」

「名前は何ていうんですか？」

「何歳ですか?」

と口々に問いかけてきた。

「名前はピーボディ、略してピッポ。男の子で、生まれてまだ四か月のビーグル犬よ」

そう答える私は、なぜか鼻高々な気分。さんざん待たされた犬は、思い切りリードを引っ張った。

お散歩大好き

食いしん坊のピッポはよく食べた。

与える食事は容器が空になっても、底を何度でも舐め回すぐらい食欲旺盛だった。おかげでお腹はぱんぱんに膨らんで、大きな風船に短い手足をとって付けたような姿になった。

このままでは健康上よくないと運動をすることになり、散歩が習慣となった。

ピッポはとにかくよく歩いた。リードをぐいぐい引っ張って、いくらでも歩いた。やがて、休日には夫が自転車でピッポを連れ回すようになった。自転車と並行していくらでも走った。持久力はかなりあった。

家に帰ればあとは寝るだけの生活なので、本人はうれしくてたまらない様子で一緒に走る。

あるとき、夫と連れ立って河原へ出かけると、水の流れを見てピッポがとても興奮した。「ワンワンッ」、水の流れに向かって吠えたかと思うと、渡っていた小さな木橋から水の流れに向かって飛び込んだ。

慌てた人間は、急流に流される寸前のところで、首輪とリードで宙吊りのままピッポを岸辺にたぐり寄せた。以来、木枯らしが吹く寒い冬の日でも、流れとみるとむやみに飛び込もうとする。ピッポは元気いっぱいの風変わりな犬だった。

夏の暑い日、田んぼが続く田舎道では傍らの川に飛び込んで、ジャブジャブ歩くのが常となった。田んぼに水を引く水路は、夏草に覆われている。蜘蛛の巣が張り巡らされているところを歩いて上がってくると、顔は蜘蛛の巣だらけ。その顔でこちらを見上げ、何ともヘンな表情を浮かべている。

「このもやもやしたものを、とってくれ」

いかにもそう言っているようで、人間が仕方なくまとわりつく蜘蛛の糸を手でとり除いてやる。蜘蛛の巣から解き放たれてスッキリすると、ピッポはまた気分よくいくらでも歩いた。

あるとき、喉が渇いた人間が自動販売機で清涼飲料を買った。ごくごくと美味しそうに飲む人間をまじまじと見ているので、缶の底に残った液体をおすそ分けする。

甘いココアを飲んだときは、「おいしいっ」と目を丸くした。

冷えたジンジャーエールを飲んだときは、「何だこの味は！」と顔をしかめる。

まさに愛嬌があるというか、表情豊かに自分を伝えてくる。

自分を主張するという点で、どの犬も空腹であるときは必死で人間に訴える。が、ピッポは食事を早くしろ、とねだることはなかった。食べられるときにしっかり腹ごしらえをする主義らしい。

その代わり、朝の散歩が一番の楽しみらしく、時計よりも正確に五時三〇分に、「クウーン」と第一声をか弱く発した。

「そろそろ起きてよ」と言うように。

人間は眠い目で寝室の窓をたたき、「まだまだ」と答える。

次は五時四十五分に「ウワンッ」と強めの声を一つ発する。

人間は「もうちょっと待って」と答える。

六時ともなると、もう堪忍袋の緒が切れたように、「ワワワン、ワンワン」と立て続けに吠える。

人間はご近所に迷惑をかけてはならぬと、そそくさと起きだすというわけである。たいがい六時から七時ちょっと過ぎまで、約一時間の散歩が日課となった。

食いしん坊のピッポは、道の傍らに打ち捨てられた食べかけのパンなどを見つけると、即座にパクリと口に入れる。

時には、車に轢かれたぺったんこのカエルまでぱくついた。さすがにそれはダメとリードを引っ張って制止したが、時すでに遅く、くわえた口の端から干からびたカエルの足がのぞいている。ホラー映画の一場面のようだ。

ビーグルはもともと陽気な性格といわれている。ピッポは見事それを体現していて、散歩中楽しいことを見つけると、まさに足取りも軽くワワワンと吠えながらうれしそうに駆け寄った。散歩しているほかの犬と出会うと、クンクン鼻を嗅ぎ合って挨拶する。散歩をするのが楽しくて仕方がない様子で、連れている人間まで楽しくさせる犬だった。

ピッポ逮捕

ピッポは警察のお世話になったことがある。

日頃の引っ張る力が強かったせいか、あるとき首輪の金具が壊れて放し飼い状態となった。これ幸いと、ピッポは一人で散歩に出たらしい。あるいはご近所の猫が通りかかって、追いかけたついでに遠出を決め込んだのか。

午後も早めに帰宅した私は、壊れた首輪が転がっているだけで、犬の姿が消えているのに気がついた。

一回り近所を歩いて、ピッポを呼びながら生垣の陰や路地裏を探してみる。いそうにないと判断して、次は車に乗って近隣を回ってみる。窓を全開にして、ピッポの名を呼びながらゆっくり車を走らせる。

後続の車にクラクションを鳴らされて、慌てて加速してみたり、遠くのあぜ道でもひょこひょこ歩いていないかと見回したり、脇見運転の危ない犬探索を続けた。

一時間以上探し回っても見つからず、さてどうしたものか、と頭を抱えた。

もしかしたら、交通事故にでもあったか……今頃は路上で冷たくなっているのかもしれない。

いやいや、走るのが大好きでいくらでも歩き回るピッポのことだから、上手に車を避けるだろう。あるいは、大きな犬に近寄って噛まれたか。犬好きに拉致されて連れ去られたか。

不安と心配で、想像が果てしなく悪いほうへ悪いほうへと膨らんでいく。

探しても見つからないとなると、まずは迷い犬の届けを出しておいたほうがよい、と思い当たった。警察では、犬は遺失物扱いとなる。

遺失物とは、まさに物扱い。生命のあるものというより飼い主の所有物ということだろうか。

幸い歩いて五分ほどのところに、警察の本署がある。免許証の更新などでお世話になっているので、電話をするのもいいが直接届けを出しに行ってもいいかなどと考えながら、それでも最後の頼みの綱で、もう一度探してみようと車に乗った。

時計の針は四時を回りかけていた。

車の往来の多い国道をそれて、脇道へ折れる。さすがのピッポでも、大型トラックがビュンビュン走る国道は避けて通るだろう。いくら歩道があるとはいえ、信号が青だろうが赤だろうがお構いなしに突き進むわけにはいかない。

車をゆっくり走らせながら、前方に目をやると、恰幅のよい男性が犬に引っ張られながら歩いてくるのが見えた。

「あれは、ピッポ?」

慌てて車を脇に止め、男性に声をかけた。

「すみません、その犬……」

私の声を聞いて、ピッポが尻尾をありったけ振って、こちらに向かってきた。

恰幅のよい男性は、厚手の黒い革のコートを着ているせいか額に汗をかいていた。少しいかめしい顔、犬のリードは決して離すまいというように、二重に手首に巻き付けている。

「やあ、飼い主さんですか」

いかめしい顔がふわりと割れた。

「よかったぁ。派出所で預かってたんですが、手に負えなくて。いま本署へ連れて行くところなんです」

男性は警察官だった。犬は連行するので、本署まで来てくれと言う。本署は目と鼻の先にある。脇に止めた車を方向転換させて本署へ向かう私のほうが、時間がかかった。

本署の入口をくぐると、コンクリートの床にピッポはべったり座り込んでいる。その横で、黒いコートを脱いだ制服姿の警察官が、額の汗を手拭いでゴシゴシ拭いていた。

気ままな自由散策

警察官の話から、ピッポが一人で歩き回った様子が推測できた。

まずピッポは北へ向かった。南北に走る国道は車線の幅広い道。我が家はその西側に位置している。どこをどう歩いたかはわからないが、大型トラックの往来の激しいどこかの地点で、ピッポは東側へと横断し、そのまま北東へ向かう。

行き着いた先にはスーパーマーケットがあった。そこの駐車場をうろうろしているところを、犬好きな女性に捕まった。

犬好きな人は迷い犬を見たら放ってはおけない。車に轢かれたらかわいそう。飼い主が心配しているだろう。見たところ飼い犬だから、本人も迷って困っているだろう。

さまざまな考えから、放れて歩いている犬は犬好きに捕まえられるケースが多い、とあとでわかった。

その女性、仮にMさんとしておこう。

Mさんは買い物を済ませて家に帰るところだった。ピッポに声をかけると寄ってきた。自分の家にも犬がいるので、犬の習性はよくわかっている。それなら、とりあえず家に連れて行こう、と自転車の荷台の紐をほどいてピッポの首に巻き付けた。そして歩いて十分ほどの家までピッポを連れ帰った。

自宅には犬のドライフードがあるので、まずピッポを家の入口の木に紐で繋ぎ、ボウルに水をくんで持ってきた。ピッポは水をがぶがぶ一気に飲み干した。続いてフードを持ってきてやると、目の色を変えてがつがつ食べた。よほど空腹だったに違いない。

Mさんは家の中でバセット・ハウンドを飼っていた。冬の寒さが半端ではないので、その年老いた犬は暖かな家の中で暮らしていた。

万一飼い主が見つからなかったら、ビーグル犬は家の外で飼ってやってもいいか、とまで思った。が、問題が一つ。

翌日から親しい仲間と二泊三日の旅に行く予定になっていた。スーパーへ買い物に行ったのも、留守を預かるご主人の食事や犬の餌を調達しに行ったからだった。

犬好きとはいえ、ご主人は飼い慣れたバセット・ハウンドの面倒は見てやれるが、初めてのビーグル犬で、それもやたら食欲旺盛で元気いっぱいの若い犬まで面倒見ることは、とても無理だ、という結論に達した。

そこでMさんは、とりあえず犬を交番に届けることにした。旅行から帰ってきて、まだ飼い主が見つからない場合は引き取るから、と言いおいて。

交番に届けられたピッポはというと、人通りの多い交番の前に繋がれて、道行く人を眺めていた。

その日はいつになく人出の多い日で、多くの買い物客や観光客が歩いていた。中には犬好きの人が近寄ってきて、犬の頭を撫でる。犬連れの人が通りかかると、大きな声でピッポが騒ぐ。警察官は慌てて犬を制する。

これはどうやら腹がすいているのかもしれない、と警察官は三軒先のコンビニへ行き、自分の財布からお金を払って、パンを買ってきて与えた。パンはあっという間にピッポの胃袋に消えた。

少し落ち着いたようで、おとなしくなった。そこへ道を尋ねる人がきて応対をしていると、小さな子供が犬を見つけて駆け寄ってきた。子供は売り出しの店でもらったのか、風船を手にしていた。

ピッポは子供が大好きなので、尻尾を振って子供を迎えた。が、幸か不幸か、子供の持っていた風船が何かの拍子に、バンッと割れた。それに驚いたピッポは、大きな声で吠えた。

風船が割れたことにびっくりしたのか、犬の声を怖がったのか、一呼吸おいて、子供が「ワアッ」と泣き出した。

一部始終を見ていた母親は、さっと子供を抱き上げた。

警察官は、犬が子供に食いついたのかととっさに思ったが、そうではないと親が否定してくれた。そのおかげで、職務怠慢だの、警察官の目の前で子供が怪我をした、などと騒がれずに済んだ。ほっと胸を撫で下ろしたのも束の間、巡回用の自転車に向かって、犬はオシッコをかけている。

とにかく、交番に犬がいること自体がおかしなことである。またこの犬は、何かと人を引き寄せ、問題を起こしそうだ。もっと厄介なことが起こっては面倒だ。

警察官は本署へ犬を連れて行き、遺失物係に引き渡すのがよいだろうと結論づけた。

というわけで、パトカーに犬を乗せるわけにもいかず、本署までは歩いて二十分ぐらいだから、仕方がないと歩いて行くことにした。

制服姿で犬など連れ歩いていると、公務中に犬の散歩をしているやつがいた、などと市民から苦言が届くかもしれない。制服を隠すために、黒い革のコートを羽織って歩くことにした。

歩き始めると、ピッポは歩くのがうれしくて仕方ないのか、力いっぱい紐を引っ張って先を急ごうとする。

「そう引っ張るな。これから本署へ連行するからな。あとは遺失物係の世話になれ。お前の面倒はもう見切れんぞ」

何を言われても、ピッポはうれしそうに歩いた。

こうしてピッポは警察官にさんざん迷惑をかけたあげく、本署へ連行されるところで私に発見された、というわけである。

もうピッポの面倒を見なくてよくなった警察官は、届け出てくれたMさんの住所を教えてくれ、丁重にお礼をするようにと言った。通常なら拾得物の一割がお礼の目安だが、犬だから何ともね。まあ、菓子折りでも持って行ったら、と私に助言してくれた。

ピッポを家に連れ帰り、頑丈な首輪にリードを結び、夕飯を早めに与える。がつがつ食べたかと思うと、自分のハウスに入って丸くなった。

どうやら冒険もこれまでと観念したのか、あるいはやっぱり我が家はいいなと実感したか、もしくは見知らぬ人に囲まれた旅の疲れがどっと出たのだろう。安心し切った顔で、瞼《まぶた》も重そうだ。

Mさんの家を訪ねると、五十代の小柄な女性が玄関に出てきて、開口一番、「よかった、見つかって」と言った。

交番から連絡があり、飼い主が見つかったことを知らされ、一安心していたという。

丁重にお礼を申し上げ、確保したときのピッポの話をひとしきり聞く。

連れ帰って、犬の餌を与えたらすぐ食べたので、警戒心のないかわいい犬だと思ったそうだ。食い意地の張ったピッポならではの行動だ、とこちらは恥ずかしいばかりの心境だった。とにかく留守中主人に二匹も犬の面倒は頼めないからね、とMさんは言う。

そこにご主人も奥から顔を出して、よかったよかったと言う。面倒見る必要がなくてよ

かったのか、飼い主が見つかってよかったのか、あるいは奥さんがうれしそうなのがよかったのか、

「よかった、よかった」を繰り返した。

「ついでにうちの犬も見ていってよ」

Mさんはそう言って、ご主人に愛犬を連れてくるように言った。

奥に引っ込んだご主人がしばらくして出てくると、大きな顔と垂れ下がった耳、長い胴体をしたバセット・ハウンドが、まさにどたどたという調子で一緒に現れた。

その垂れた目といい、少し肥満気味の体といい、かなりの存在感がある。愛情たっぷりに育っている印象。そっと撫でてやると満足そうな顔をして、どたりとMさんの膝の上に体を預けた。

実際に元気いっぱいのピッポと一緒に暮らすことになったら、どうだったのだろう。嫉妬心の強い犬ならば、ピッポを邪険にするかもしれない。あるいは家の外と中で生活領域を分け合って、仲良く暮らしただろうか。

どちらにせよ、ピッポは我が家に無事帰還した。

犬好きなMさんに出会えて、ピッポも幸せ、私も幸せ。幸運に感謝。

へそくり

私も夫も、犬は家族の一員と思っている。

飼われている犬のほうも、そう思っているに違いない。

我が家は入口から玄関まで飛び石がいくつか並んでいるが、帰宅してもまともにまっすぐ歩くことはなく、必ずピッポが繋がれている犬小屋の前へ足を運び、今日も一日よい子でいたね、と頭を撫でてやる。

ピッポのほうでもそれが当然のものと、帰ってきた人間の動きを目で追っている。

ある日のこと、夫が夜遅くに飲み会から帰ってきた。よほど楽しい会だったのか少し酩酊ぎみで、玄関に入ったとたんネクタイをほどき着替えもそこそこに、ベッドへ倒れ込んだ。

翌朝のことである。

日曜日なのでゆっくり目覚めたものの、案の定二日酔いの様子。あまり顔色のよくないまま起きてきて、玄関先に置きっぱなしになっているカバンをガサゴソやっている。

「あれ、ないぞ」

「何か探しもの？」と聞くと、

「財布がない」と、眉間にしわをよせて、真剣にカバンの中をのぞき込んでいる。

「ズボンのポケットとか、別のところに置き忘れたとか、あるいは宴会場に落としてきたんじゃないの」

しばらく考えていた夫は、

「いや、タクシーで帰ってきて、代金を支払ったから、帰ってきたときにはあったはずだ」と、記憶をたどる。

「それならタクシーを降りたあと、玄関に入るまでに、どこかに寄った？」

二人で顔を見合わせる。

「ピッポのところ！」

急いでピッポの犬小屋へ行くと、ピッポは日向で気持ちよさそうに眠っている。そこへ二人して駆け寄ってきたので、これは遊んでもらえるのかと、急に目を輝かせた。

タクシーを降りて、飛び石をたどり、途中でピッポのほうへ行った……と、二人で足取りをたどってみる。ピッポは何ごとかと尻尾を振り振り見守っている。

たどってはみたものの、財布はどこにも落ちていない。

が、塀際の雑草に何か紙が引っかかっている。おやっと思って近寄れば、何と千円札ではないか。

さらにもう一枚、草に絡まっている。

「五千円札を出したからおつりに二千円と硬貨をもらった。それがどうしてここにあるんだろう」

タクシーを降りて、ピッポの顔を見て、ピッポの頭を撫でた。その際に財布が転がり落ちたのだろう。

おや、とさらに目を凝らしてみれば、地面に百円玉と十円玉が二つ三つ落ちている。

庭に芝が生えているものの、ピッポが繋がれている一角だけ半円形に草が生えずに地面がむき出しになっている。それだけピッポが行動して地面を踏みつぶしているため、雑草の生える余地がないということだ。

そこに硬貨が散らばり、お札が近くにひらひら舞ったとなれば、ピッポのとった行動は簡単に推測できる。

ピッポは落ちていた財布をくわえて、振りたくったのだ。そこでお札が宙を舞い、硬貨はその場に落ちた。

これには二人で納得。ピッポのキョトンとした顔に、しっかり尋ねる。

「財布はどこへやったの？」

じつは海外旅行した友人からのお土産で、ブランド品の革製の高い財布だった。角がすり切れないようにと飾り金具が付いたおしゃれな財布で、使い心地がよいと、夫も気に入っていた。

知らんふりを決め込むピッポの足元に目をやると、地面から何か光るものがのぞいている。もしかして……見つけたぞ、と掘り出してみれば、やっぱり件《くだん》の財布だった。

噛み心地がよかったと見え、革の表面には牙を立てた痕があり、ブランドのトレードマークである金色のプレートにまで、歯型の凹凸ができている。

よほど噛み心地がよかったか、ご主人さまの匂いが気に入ったのか、おそらくはしばらく楽しんだあと、宝物として地面に埋めたのだろう。

犬は野生のときの習慣で、食べ切れなかった食料などは穴を掘って埋めておく習性がある。あとになってまたほじくり出して、食欲を満たす。とっておきのお楽しみというわけである。

猫に小判、ピッポにとっては、財布の中身より革製品のほうがはるかに大切な宝物だったのだろう。

大事なお気に入りをとり上げられたピッポは、少し不満そうな顔をしながらも、陽にあたって居眠りを始めている。

ブランド品の財布はお釈迦になったが、お金は無事であったので、人間もピッポを叱らずにおいた。

老いてもなお

犬は人間の七倍の速度で、年齢を重ねていく。

十三歳になったピッポは元気そうでいて、散歩の速度が少し遅くなってきた。あれほど大好きだった散歩なのに、あるとき突然くたっと脱力したきり、歩かなくなってしまった。ゆっくり歩かせたり、半分抱きかかえるようにして、ようやく家まで帰ってきた。

さっそく獣医さんに診てもらうと、心臓に負担がかかったのではないか、と言われた。

そういえば、五～六年前に、フィラリアにかかっていた。

蚊が媒介するというフィラリア。犬糸状虫症といって、犬の体内で成長した糸状の虫が、肺動脈や心臓に寄生してやがて犬の命を奪う。当時診てもらった獣医さんは、まずは体内に巣くっている親虫を殺すために、ヒ素の注射をしなくていけないと言った。

ピッポを獣医さんに託して帰ってきながら、外で暮らしている犬をどうやって蚊に刺されないようにしたらよいのか思い悩んだ。今はペット用の蚊取り線香や薬剤がある。が、その当時はそのようなものはまだ売られていなかったし、ましてやフィラリアの予防薬もあまり普及していなかった。

注射を終えて帰宅したピッポは、元気がない。いつものように散歩をねだらない。が、食欲だけはいつもどおり。これなら心配はないか。

翌日、仕事から帰ってくると、いつもならピッポが元気に吠えるのに、しょんぼり寝ている。近寄ってみると、何と犬小屋の前の土に深さ十センチ以上の穴を掘って、そこに体を押し込むようにして寝ている。

どうやら熱があるようで、体を冷やすために穴を掘ったらしい。おまけに注射を打たれた右腕が、ぱんぱんに腫れ上がっている。

さっそく獣医さんのところへ連れて行くと、しばらく様子を見るからと、獣医さんに預けることになった。

三日ほどして、腫れ上がった腕も正常に戻り元気をとり戻したものの、あれはやっぱり注射がうまくいかなくて、液が漏れだしたせいではなかったのか。三日も預けたのに、獣医さんはその代金を請求しなかった。

その翌年からは、毎日一粒ずつ飲ませるフィラリアの予防薬のお世話になった。

犬は嗅覚が発達しているので、錠剤を飲ませるのは大変である。飲んだふりして吐き出してしまったり、絶対に口を開けてくれなかったりする。

が、ピッポの場合は簡単だった。バターを塗った食パン一切れに錠剤を埋め込んでやると、目を輝かせてうれしそうに食べた。おやつをもらった感覚なのだ。食欲旺盛な性格が功を奏したというわけである。

一回飲み忘れたら、翌日は二錠飲ませること。そう言われて忠実に毎日毎日薬を飲むこと、四か月。もう蚊は発生しないだろうという冬の入口まで続いた。

薬の進歩も日進月歩。翌年からは、狂犬病の予防注射後の五月から、フィラリアの予防薬を飲むようになったが、今度はピンク色の液体になった。それもひと月に一度でよいという。

獣医さんからはひと月に一度、封筒に入ったチューブ入りの液体が郵送されてくるようになった。それとても、食パンに二ccほどの液体を垂らしてやると、ピッポはパクリと丸呑みしてくれた。

今ではチュアブルのようなクッキータイプの薬も開発され、三十日から四十日に一度の服用で、フィラリアの予防ができるようになった。

年老いてからのピッポは、散歩は近所をよたよた一回りするぐらいになった。車に乗るのは嫌いで、黙って乗っていることができない。車に乗せるときは、ケイジに入れてツーボックス・カーの後ろの荷台にのせる。

車自体が嫌いなのか、道中はワンワンの大騒ぎ。やっぱり自分の足で歩くのが好きなのだろう。

数か月してから、ピッポは腹水が溜まり始めて、獣医さんに毎週通うようになった。そうなると、車に乗せてもワンワン吠えることもなく、おとなしく乗っている。あまり長くはないのかな、と不吉な思いにとらわれる。

チワワやプードルのような小型の愛玩犬と違って、ビーグル犬は屋外で飼うのが当たり前だった。狩猟用の犬として、運動量も多いし機敏な動きをする。家の中で飼おうものなら畳もカーペットもボロボロになってしまうだろう。寒さにも強いから大丈夫、と太鼓判を押されてドッグセンターから買ってきた。

長年、どんなに寒かろうと雨降りだろうと、屋外の犬小屋で耐えていた。盆地の冬は厳しい。今になって思えば、もう少し暖かな犬小屋を作ってやればよかった。腹水が溜まりだしてから、獣医さんに言われて、ピッポは家の中のケイジで寝起きするようになった。

それでもピッポは長年屋外で暮らしていたので、排泄するときはどうしても外へ行くと言って聞かなかった。そのたびに外へ抱いて連れ出したが、足腰に力が入らなくなって、オシッコする間も体を支えてやらないといけないぐらいに弱っていった。

日中一人でおいておくわけにもいかず、仕事を休むわけにもいかない。心配なのでピッポを車に乗せて仕事場まで連れて行った。使い古したバスタオルにくるまって、おとなしくハッチバックスタイルの車の荷物スペースに横になっている。

その頃、父の経営する酒蔵《さかぐら》では、私たち夫婦の提案で観光客を迎え入れていた。秋の行楽シーズンでもあり、団体でバス旅行するのが流行っていた。その日も四台のバスが立ち寄る予定だった。

予約時間通りに到着すればよいが、一台が遅れ、次のバスが早めに着いたりすると、受け入れる側は大忙し。見学の案内をして、帰りがけにはたくさんお買い物をしてもらわなければならないので、立ち寄り時間三十分をいかに有効に使ってもらうかが勝負。買い物する店舗の面積はそんなに広くはないので、バスが重なったときは、一台目のバスの見学は短めに案内して、ショップへと誘導する。二台目のバスのお客さんには少し長めに説明をして、五分から十分時間を稼いで、店舗へと誘導する。

案の定、その日は二台目のバスが遅れて到着し、立て続けに三台目と四台目が入ってきた。案内係の人間は私のほかにもう一人。一台のバスに平均三十から三十五人は乗っているので、三台重なると、多いときには百人近い人間を捌かなくてはならない。

まさにドタバタ。そういうときに限って、贈答用にきれいに包装してちょうだいなどと頼まれる。必死に少人数でお客さまを捌き、ようやく出発するバスを見送った。

一息つく間もなく、ピッポの様子を見に行った。

「ああ、ピッポ」

ピッポは両足を投げ出し、目を閉じて横たわっている。

もう息をしていなかった。

人間ががさがさ忙しがっている間に、ピッポは一人で旅立ってしまった。

もう少し待っていてくれたらよかったのに、と私は自分勝手なことを言って、息をしていないピッポの体を撫でた。

最期を看取ってやりたかった。

が、これればかりは運命だから、仕方がない。

ピッポにしてみれば、導かれるままにただ歩きたい方向へ歩いていっただけかもしれない。

もうリードに束縛されることもなく、空腹に悩まされることもなく、好きなだけ好きなところを思う存分歩き回る。面白いものを見つければ追いかけ、臭いを嗅ぎたいものがあれば存分に嗅ぐ。きっと今頃は、小川のある緑の草原を楽しく走り回っているに違いない。

たかが犬、されど……

平成八年（一九九六年）七月から平成三十年（二〇一八年）三月まで、地元のタブロイド判の新聞に、私はコラムを書いていた。執筆陣が八～十人ほどいて、月に二回ほどのペースで担当が回ってきた。

日頃気づいたことや、地元の話題、仕事に関すること、あるいは文化論的なことも書いた。が、話題に事欠くと、周囲にいる犬や猫を題材にして、六〇〇字ほどの原稿を書き上げた。

平成九年（一九九七年）九月にピッポが死んで、『人間最良の友』と題して、人間にとっていかに犬の存在が大切かを書いた。まだ書き足らずに十月には『たかが犬、されど……』と愛犬の死を悼んだ。

犬好きの人が多いのか、コラムの反響は大きかった。さまざまなことをとり上げて書いて、結果的に二十年以上書き続けることになったが、犬をとり上げて書いたときが一番反響があった。

ピッポへの追悼文が掲載されてすぐの頃、夫が近くのゴルフ場へ行った。キャディさんは近隣のパート・アルバイトが多いので、そのときもおそらくは地元タブロイド紙の読者だったのだろう。たまたま私の夫であることを知っていたらしい。

帰宅した夫が、「今日は大変だったよ」と言う。

理由は、ついたキャディさんが「私も最近愛犬を亡くしたんです」と、涙ながらに犬の話をあれこれしたから。コースを回る間、ずっと犬の話で盛り上がるやら涙を流すやらで、一日大いに疲れたという。

愛犬の死で、「ペットロス」という喪失感に襲われる犬好きな人は多い。殺処分ゼロを目指す活動をしている人たちは、犬が死ぬことを「虹の橋に旅立った」と表現している。

ピッポはきっと楽しそうに白い尻尾をピコピコ振りながら、自由に満足そうに虹の橋を渡っていったに違いない。

ビーグル犬 ピッポを飼った経験からの感想と考察

ビーグル犬は、

・分厚い垂れ耳と、黒白茶の毛色が特徴。

・愛嬌があって、陽気で、楽しい性格。子供が好き。遊びが好き。スヌーピーのモデルとなるだけのことはある。

・運動が好き。持久力があり、いくらでも人間に付き合ってくれる。

・我慢強く、従順。「お手」や「待て」も、きちんと覚える。

・よく食べるが、食べなくても平気で走り回ることができる。

・屋外で飼うのに向いている。寒さに強い。

・ブラッシングをしたりトリマーに通う必要はない。

・車にはおとなしく乗ってくれない。

・吠える声は、何かを訴えたいときはかなり大きい。

・ゴーイングマイウェイな性格なので、しばらく独りぼっちにしても大丈夫。分離不安症になることはないタイプの犬。

※ピーボディ（略してピッポ）の名前の由来
一九六〇年代にテレビ放映されたアメリカ製のアニメで、日本版は「ロッキー君とゆかいな仲間」（当時はまだ白黒）に登場した、賢いビーグル犬ピーボディ博士にちなむ。

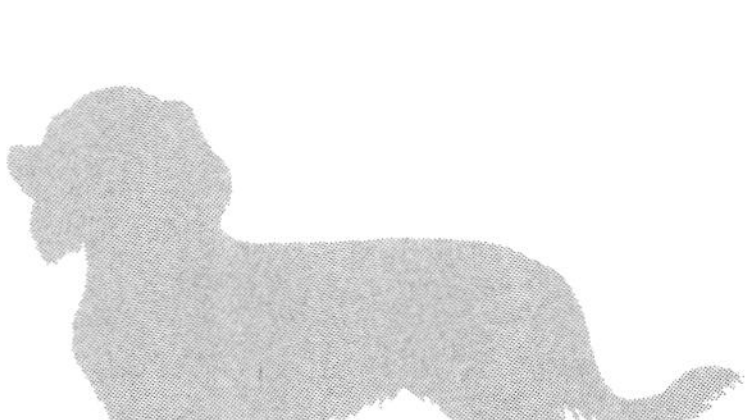

第二走者

醸

ミニチュア・ダックスフント

平成九年〜平成二十二年

犬の名前

ビーグル犬を飼っていたときは、車に乗せるのが一苦労だった。大きなケイジに入れて運ばなくてはならない。道中もうるさく吠え立てた。

もしも次に犬を飼うことがあったら、おとなしく車に乗ってくれる犬がいい、と私は思った。

大の犬好きな父が、長年の功績を表彰されることとなった。お祝いに何か贈ろうと考えた。大正生まれ、太平洋戦争では学徒出陣組で、日頃煙草は吸わないが、毎日日本酒を飲む。ビーグル犬がいなくなってしまって、私も夫も寂しい思いをしていた。が、一番寂しがったのは、犬好きの父ではなかったか。

「ドッグセンターに、灰色の変なのがいるぞ」

夫が何気なしに言う。ドッグセンターには、ケイジの中に柴犬やらポメラニアンやら、一匹ずつ入れられて外に置かれている。最近新しい犬がきたというのだ。

そんなことを言われたら、見に行かなければならない。いや、見に行くべきだ。見に行かない理由は、ない。

というわけで、翌日さっそく見に行った。

ほとんど二頭身かと思うような灰色に黒と茶が混じったミニチュア・ダックスフントが、四角な段ボール箱の中で眠っていた。

「まだ離乳してないので、毎日私が部屋に連れ帰って育ててるんですよ」

と、ドッグセンターの奥さんが言った。ほかの犬と違って、うら寂しい段ボール箱に入れてあることを言い訳するように。

犬の側から見れば、きっと四角な空を背景にいろいろな顔にのぞき込まれたに違いない。ニコニコされてみたり、「何だこいつは」みたいな気色ばんだ顔に遭遇したり、たまには腕が伸びてきて触られたりしたのだろう。

今日も眠くてたまらないのに、また誰かが熱心にのぞき込んでいる。強い視線を感じて、もわっと目を開けて上を見る。

興味津々の丸い顔した女が、目をきらきらさせて、じいっとこちらを見ていた。そしてそうっと背中の毛に触る。

ああ、気持ちいい。

犬は、また目を閉じて眠ってしまった。

私は値段を聞いて、ちょっと迷った。

「長毛種で、ダップルというんですけど、こんなきれいな灰色の斑模様《まだら》は珍しいですよ。おとなしいし、頭もいいし。二十二万円ですが、二十万にオマケします」

と、奥さんが言う。私が迷っているのを察して、最後の押しの一手を出してきた。

私はその足で銀行へ向かった。

なけなしの定期預金を解約して、二十万円を用意する。そしてドッグセンターへ。

そのまま連れて帰れると思ったら、獣医さんにワクチンを打ってもらう必要があるので、引き渡しは明日、と言われた。ついでにまだ生後二か月なので保険とワクチン代、通常は価格の一割が相場で二万円かかるという。

なあんだ、結局二十二万円かかるじゃないの！

平成九年（一九九七年）の十二月のことだった。

翌日の引き取りは、犬好きの父に行ってもらうことにした。

じつはお祝いに犬をプレゼントするけど、残りの二万円は出してちょうだいと言うと、むしろ大喜びで父は出かけていった。

夕刻、ミニダックスが犬用の粉ミルク一缶とともに引き取られてきた。粉ミルクを飲み終わったら、普通のフードを食べさせてよい、と言われたという。きれいに洗ってもらったのか、いい匂いがして毛並みもふわふわで、美男の顔をしている。

犬を抱きかかえた父はたとえようのないにこにこ顔をしている。日頃の頑固な気難しい性格はどこへやら、目尻が垂れっぱなしだ。よほど犬にご執心なのである。

さて、名前を付けるのが難題。どんな名前がよいかいろいろ悩んでいるところへ、甥のソウ君が遊びにきた。友達とスキーに行く約束をしたという。そして二晩ほど泊まることになった。

ところが風邪をひいたのか、熱を出して寝込んでしまい、結局スキーどころではなくなった。寝込んでいる間、子犬も一緒に寝ていた。

名前の話になると、ソウ君が「ジョークン」がいいよ、と言う。

お祖父ちゃんの叙勲のお祝いの記念にきた犬だから、ジョー君。

それなら造り酒屋で飼う犬らしく、「醸」の字を当てるといい、と私が提案する。

まさかこれのおかげで、のちのち飼うペットの名前まで決まることになるとは、そのときは想像もできなかった。

子犬のワルツ

子犬の醸《ジョウ》は、「内弁慶の外地蔵」だった。

犬用の粉ミルクは飲み終わって、カリカリのドッグフードを食べられるようになったものの、昼間は犬小屋で丸くなって眠っている。

目が覚めると、何がそんなにうれしいのか全速力で部屋中を駆け巡り、ごみ箱を引っくり返し、紙屑やらビニール袋を引っ張り出す。それを玩具《おもちゃ》にして思いっ切りエネルギーを発散する。

犬好きの父は仕事から帰ってくるのが遅かった。当然、内弁慶の子犬の世話は母の役割となる。

もともと母は猫好きだった。物心ついたときから猫を飼っていて、醸がやってきたときも、耳と鼻先が焦げ茶色で瞳がブルーの猫がいた。

醸はさっそく猫を追いかけ、猫の餌を平らげた。仕方なく猫の餌は、キッチンカウンターの上に置くようになった。

母はもっぱら猫の自立したところが好きだったが、ミニダックスの醸となると、餌とトイレの世話だけでなく、遊び相手にもなってやらないといけない。それも執拗にいくらでも遊んでくれ遊んでくれ、とせがんでくる。

一か月を過ぎた頃から、こちらが見ていてもはっきりわかるほど、母にストレスが溜まってきた。

父は犬好きとはいえ、散歩に連れて行くわけでもなく、餌をやるわけでもない。犬を見るとやたらと頭を撫で、「お手」や「待て」をさせる。

家事は一切母に任せて、掃除洗濯はもちろん料理は何もできない。電子レンジが備わってからは、「レンジでチン」だけはできるようになった。ただ温めるだけであれば。

父はいわゆる「昔人間」だから、仕方がないといえば仕方がないが、六年ほど前に母が脳梗塞で倒れて、一か月以上入院していたときは大変だった。

私は近くに住んではいても、一緒には暮らしていなかった。仕事は一緒にしていたので、毎日顔を合わせることはできた。仕事しながら父の面倒まではとても見ていられない。

「いや、吾輩のことは心配しなくとも、何とかする」

と父は言ったが、食事は一人で食べるとしても、後片付けというものを、男はしない。というか、しないのが男だ、沽券にかかわる、と思っている節があった。私は毎日台所をのぞいては食器を洗い、洗濯物の面倒を見ることにした。

ごはんは炊飯器にセットするだけだから、母がいなくとも大丈夫だろうと思いきや、

「美味しくないんだよ。やっぱり母さんでないと、だめだ」と言う。

「お米を洗って、目盛りまで水を入れて、蓋をしてスイッチ押すだけよ」

あきれ返って言う私に、父は少々むっとしたような顔をする。

「米は飯盒《はんごう》で炊いたことはあるが……」

「戦争中じゃないんだから、飯盒なんてどこ探したって、ないわよ、今どき」

日頃のうっぷんを晴らそうと、ありったけ悪口を言ってやる。父と私は、仕事の面では何かというと見解の相違があって、対立することが多かった。

母に倒れられてから少ししおらしくなっていた父は、

「それじゃあ、やってみるから、見ていてくれよ」と言って……

まずお米を量る。

父は、御飯茶碗をとり出し、米櫃《こめびつ》の蓋を開けた。どうやら御飯茶碗を計量カップ代わりにしていたらしい。

「ブブーッ」

米櫃の下には一合か二合かのレバーが付いている。レバーを押せば、下の口からさらさらと米が流れ落ちて出てくる。三合炊くなら1と2を同時に下げる。四合炊くなら2を二

回下げればよい。そう教えると、「便利なもんだな」と父は二合の米を炊飯器の釜にいれ、水道の水をかけて洗い、私の顔を見る。

「ブブーッ」

ダメ出しその二。

米をもむようにして洗ったら、白濁した水は捨てる。二度、三度繰り返して、水が透明になったら、水を張る。白濁する理由は、精米した際の米ぬかが付いているからで、その米ぬかが臭みの原因となる。

無洗米ならそれでも何とか炊けるだろうが、濁った水を捨てることなく炊いたら、美味しくないに決まっている。

「水は、だいたいこれぐらいでいいか？」

目分量で適当に水を入れている。

「ブブーッ」

ダメ出しも疲れてきた。

「二合なら2、三合なら3、お釜の内側に目盛りがあるでしょう。そこまで水を入れればいいのよ」

父は、洗い方から水加減まで、初めて現代の米の炊き方を習った。

母の入院中に、父は初めての経験をいくつもした。

まずは食料の買い物。スーパーマーケットやデパートの地下などには、行ったことがなかった。

男が買い物など行くものではないという固定観念から、食料は女が買いそろえて、調理をするものと思っていた。

それでも冷蔵庫に食料さえそろっていれば、食事は何とかなる。

母が留守のとき、一人で昼食を食べるとなると、炊飯器で炊かれたごはんを茶碗に盛り、納豆か卵をかけて、食卓の醤油をかける。それぐらいは、父にもできた。

とはいえ、たまにはうまいものが食べたいと思ったのか、父は最大の勇気をふるって、買い物に出かけたのだった。

翌日、私が台所に行くと、異様な臭いが鼻を突いた。

何やらプラスチックを燃やしたような、嫌な臭い。

「昨日の夜は、何を食べたの？」

さっそく問いただす私に、父は得意げに話しだした。

「昨日はデパートの地下へ行ってな、魚やつまみを買ってきた。いろいろあるもんだなあ」

初めての体験を結構楽しんだようだ。今どきは単身赴任の男性も結構いるので、男が一人で買い物することも、そう恥ずかしいことではない、と背中を押されたようだ。

「うまそうなメザシがあったから、買ってきて、焼いて食べた」

魚を焼くグリルを開けてみたが、使った形跡がない。グリルなどわからないだろうから、魚焼き用の網にのせて、ガス火で焼いたのか。

案の定、流しに焼き網が置いてあった。

が、何やらブルーの物体が、どろりとした異様な形でこびりついている。

嫌な臭いの犯人は、これだ！

父の行動パターンが、目に見えるようだった。

旨そうなメザシは五尾。昔なら、イワシの目に藁を通してまとめてあったものだが、現代ではプラスチックのストローのようなもので、目を串刺しにしてある。

そのストローを刺したまま、五尾一緒に網にのせて焼いた、というわけである。

そんな生活スタイルの父なので、子犬はかわいがるだけ。あとの世話は何もしない、というか、何もできない。

母は、脳梗塞の後遺症もあって、あまり無理もできないでいる。

犬の世話で母のストレスが溜まってきているのを見るに見かねて、私が子犬を預かるこことにした。あくまでも預かって、毎日仕事場である父と母が住む会社へ出勤する、ということにして。

父も、毎日釀に会えるので文句はない。子供がいない私にとっては子連れ出勤のようなものである。

ビーグルとは違って、ミニダックスの釀は車酔いすることもなく、道中無駄に吠えることもなく、ちょこんと助手席に座っておとなしく毎日通うようになった。

くしくも私の願いも同時に叶ったのだった。

口止め料

酒蔵《さかぐら》らしく、小さな樽で犬小屋を作ってもらう。仕事の間は日向に置かれた犬小屋に繫がれて、のんびり眠っている釀《ジョウ》。仕事が終わると、私の車に乗って家に帰る。

家に帰ると、日課のごとく家じゅうを駆け巡り、何か噛むものを見つける。段ボールなど見つけようものなら、細かに噛み砕いてそこら中にばらまく。

「どうだ、こんなに噛みちぎったぞ」

と、見せびらかすように、瞳をキラキラさせて人の顔を見上げる。そしてまだほかに噛みちぎるものはないか、とうろうろ探し回る。

大事なものを噛まれては大変だ。ミルクボーンを毎日与えることにした。ミルクボーンを与えると、美味しそうに噛んでいる。しばらくはおとなしい。が、すぐに食べ終わって、もっとないかと要求する。

仕方がないので、食べ終わるまで時間が稼げる、硬いガムを買ってきて与えた。これじゃあまるで口止め料を、次から次へと要求されているようだ。

ミルクボーンやガムにも飽きたようなので、噛むと笛が鳴るゴム製の玩具《おもちゃ》を買ってきて与えた。すると、今度はそれを四六時中ピューピュー鳴らして遊んでいる。

しばらくして飽きると、おまけでもらった魔女の人形で遊んでいる。さっきまで噛んでいたゴム製の玩具を片付けようとすると、慌ててとり返す。

もうその玩具飽きたから、フリマで売っちゃってもいいわねと言うと、急に惜しくなって「だめ、イヤだ」と駄々をこねる子供と一緒である。

独占欲が強いのか、とりあえず口にくわえられるのは一つなので、魔女の人形は短い手で抑えてキープしている。

そしてまた飽きもせず、ゴム製の玩具の笛を鳴らして遊ぶ。

あまりに長い間ピューピュー笛が鳴り続けるので、疲れていた私はむっとして怒りたくなった。

「いいかげんにしなさい、ピッポ……じゃなかった、醸くん」

言われた犬は、ただきょとんとこちらを見るばかり。

そしてまたピューピュー音を楽しむようにかじり始めた。ただ、時々こちらの様子をうかがうようにちらりちらりと目線を投げてくる。

ピューピュー鳴る玩具で遊んで、どこが悪いんだ。買ってきたのはそっちじゃないか。何で僕が怒られなくちゃいけないんだ……と考えているらしい。

口止め料の次は、このうるさい遊びをやめさせる魔法の言葉しかない。

「醸くん、ごはんよ」

ソーセージ・ドッグ

ヨーロッパ人の観光客が、醸《ジョウ》を見て、ダックスフントは“Sausage Dog”と呼ばれていると言った。

胴長の体つきは、まさにソーセージを思わせる。ドイツ原産なので、ドイツ語の発音で"Dachshund"はダックスフンドではなく、フントとなる。英語の"Hound"猟犬の語源と同じである。

アナグマを追う猟犬として改良されて、こんなに長い胴体と短い足になってしまった。しかし、猟犬だけあって運動するのが大好きで持久力もあり、見た目以上に歩くのも速かった。散歩に連れ歩くとき、醸は飛び跳ねるようにして歩いた。

東京へも連れて行った。片道三時間のドライブはさすがに緊張したようで、その日の夜は死んだようにぐっすりと寝た。

翌日、東京の町を散歩した。

ちょこまかと、あるいはぴょんぴょんと、必死に短足を動かしてついてくる。田舎の散歩道と違って車の往来が多く、車線の多い幅広い道を渡るときは歩道橋を上り下りする。

何度か歩道橋を渡るうちに、突然動かなくなった。

「橋を上るのは、イヤだ」

必死の顔で訴えてくる。

犬は高いところが苦手と聞いていたので高所恐怖症なのかと思い、抱っこしてやる。

抱き上げて、嫌がる理由が判明した。

胸の真ん中あたりが、赤く擦り剝けている。

ダックスフントは体形を改良していく間に、脚だけが短くなっていったのか。運動はかなりするし持久力もある。したがって肺活量もそれなりにある。そのために、脚が短くても肺は普通の犬並みにある。

何度か歩道橋の階段を上り下りするうちに、短足のせいで胸のあたりに階段の角が当たり、毛が擦り剝け、皮膚まで赤むくれになってしまったのだった。

足が短いということは、それなりの苦労もあるのだ。

あとでわかったのだが、特異な体形だけにダックスフントは腰を痛めてヘルニアになりやすいという。階段などはあまり上り下りしないほうがよいと言われた。

以来、階段にくると私がひょいと横抱きにして、醸は水平面だけ歩くようになった。

雨降りは、醸を悩ませた。

短い足と長毛のせいで、少し歩いただけでも泥やら砂やらを巻き上げる。雨上がりなどは、お腹のあたりがびしょ濡れドロドロ状態で散歩から帰ってくる。

時々畑に連れていくときは、スーパーのレジ袋を使ってお腹を包んでやることにした。おかげで胸からお腹が泥だらけになったり、雑草の実が絡みつくことはなくなった。

スーパーのレジ袋は歩くたびにシャカシャカ音がする。本人もそれが気に入ったようで、身に着けている間おとなしくしている。

犬用の服はいろいろあるが、ダックスフントには胸当てがあるよ。

そう教えてくれる犬好きな友達がいて、ナイロン製のかわいい胸当てを買ってきた。以来、赤い縁取りの胸当てが、醸のトレードマークになった。

人間もどき

平成十年（一九九八年）の夏から、夫と私は一戸建ての家を引き払って、父と母の住む古い家に同居するようになった。

醸《ジョウ》にしてみれば、古巣に戻ったことになる。

古い家だが部屋数がたくさんあり、犬も猫も人間も、それぞれ好きな部屋、お気に入りの場所があって、好きなように生活できた。

醸は台所で食事を終えると、居間に置かれたケイジの中に入って寝る。昼間は私と一緒に出勤して、樽で作られた犬小屋に繋がれている。

ある秋の日に、急に気温が下がってかなり寒い日があった。

醸は誰かれかまわず、近寄ってきた人にはぶるぶる震えてみせて、上目遣いに目を潤ませた。家に帰ってケイジに入れようとするとさらに体を震わせて、私の顔をじっと見上げる。

確かに今晩は冷え込みが厳しいようだ。

「仕方ないわね、今夜だけよ」

そう言って、その夜は私のベッドの足元で寝ることになった。

それに味をしめて、翌日から当然のごとく一緒に寝ると言って聞かなくなった。

わがまま息子かきかん坊の子供のようで、それから毎夜毎夜、私は醸を抱いて階段を上り、一緒に寝る破目になった。

あるとき、必死に坂道を上ろうとしても上れない夢にうなされた。気がつくと、醸がどっかり足の上に乗っていた。

冬が近づいて気温が下がってくると、醸は人の顔に冷たい鼻を押し付けるか、ペロッと舐める。布団をめくってやると、もそもそ中に潜って寝るようになった。「猫はこたつで丸くなる」と歌にもあるが、犬まで布団に潜ってくるようになるとは。

醸は人間の感情にうまく訴えて、都合よく人間を操るコツを身につけたようだ。

ついでに、私の泣きどころもしっかり掴んでいた。

醸は、あるときから、歩きたくないとなると頑として動かなくなった。地面に座り込んだきり、動こうとしない。無理にリードを引っ張ろうとすると、ずるずる体で地面との摩擦係数を高くする。

時間に追われているときは、私がひょいと横抱きして急いで車に乗せて出かけるようになった。それで横着を決め込むことを覚えたらしい。階段は醸の体のことを思って、横抱きにして上り下りする。が、それだけでは終わらなくなってきた。

私は、二〇〇五年からブルーベリー栽培を開始した。

昔からの田んぼが一枚あったが、父は農業に関心がなかったために、近隣の人に委託して麦を作っていた。が、その頃は、何も植えられてない状態が続いていた。

ならば、と思い切って私がブルーベリーを植えると言うと、父は反対しなかった。母はもともと植物が大好きで、昔は畑仕事もして野菜をたくさん作った経験がある。どうせ田んぼを遊ばせておくよりは、何かに利用したほうがよい、という結論に達した。

田んぼを畑に変え、酸性土壌に改良し、三年かけて苗を育て、収穫期には鳥避けのネットを張る。先々に結構大変な作業が待っている。

造り酒屋の清酒需要は右肩下がりに落ち込む一方だったので、リキュールの製造免許をとって、新たに清酒ベースのリキュール製造に着手した。その一環として、まずブルーべリー栽培を始めたのである。

早朝ブルーベリーの畑へ犬も一緒に行く。醸はどこへでも必ず一緒に行くようになった。手押しの一輪車に器具とかごを乗せる。あるとき、急に醸が駄々をこねた。具合が悪いのか、足でも痛いのか……これも常套手段の一つ。

仕方ないわね、と一輪車に乗せてやる。

それ以来、ミニダックス専用の一輪車になってしまった。

母が笑って言った。

「それは〝醸用車〟だね」

畑を造り始めた年に、醸には弟ができた。が、その弟の話は、次の章に譲るとしよう。

撮影隊がやってきた

建物が古いのと造り酒屋という設定が一致したという理由で、あるときテレビ番組の撮影に、明治十八年建造の母屋が使われることになった。

金曜日のゴールデンタイムに放映される、お定まりのサスペンス。殺人事件が起きて、主役の青年が探偵役になって事件を解決するというものだという。

「殺人事件のドラマですか」

と渋る私に、スタッフはあっけらかんとして、

「殺人現場の撮影は箱根のもう一軒の酒屋で撮ります。それとうまく合成しますので、こちらはこの囲炉裏と箱階段を使わせてください」

こちらの思惑としては、ほんの少しでもよいから自社の製品を映してもらって、宣伝効果を狙いたい。

打ち合わせにきたスタッフに、「あまり期待はしないでください」と釘を刺されながら、映り込みそうな場所に当社の製品をずらりと並べた。

あとで番組放映の際に見たら、期待は見事に裏切られて製品も銘柄も何一つ映っていなかった。番組が終わって最後に流れる協力業者として、多くの業者の名前とともに会社の名前が一行載っていただけ。

撮影の日、撮影隊はものすごい人数でやってきた。

まず先乗りしてきた衣装係は、三、四人いたかと思う。衣裳部屋代わりに一部屋提供できないかというので、日頃使っていない奥座敷を提供した。

そこでは衣装係が縫物をしたり、ちょっとした洗濯物まで干していた。

酒屋というので法被《はっぴ》を貸してくれという。こちらとしては、会社名が大きく書かれた法被を貸せば、そのまま映るものと大いに期待して、何枚も貸してやった。

結果的には、衣装係が法被の社名の入った部分に、番組で使われる別の会社名の入った布切れを縫い付けて使用された。

大道具係は、会社名が表示された門柱や板壁にすべて別の名前を書いた覆いをするか、別名の大きな看板を作って前に置いた。

音声係や照明係、レフ板を持つ係、タイムキーパー、記録係、機材セットする係、小道具を用意する係、美術にメイク係、道具を運ぶだけの人、洗濯をする人、掃除をする人。

そしてやたら飛び回る助監督と、撮影画面をのぞき込んでいる監督。

あとは何の仕事をしているのかわからない輩が一ダース。中には時間待ちの人のために、コーヒーを淹れる係もいた。

ようやく役者たちがやってきたかと思うと、一般的にロケバスと呼ばれる大きなバスの中に控えている。

観光客受け入れ用に、大型バスを六台ほどとめられる駐車場があったからよいものの……いや、あったから撮影場所に選んだのかもしれない。とにかく、総勢五十人近くの人間と、それに伴う車両が大挙してやってきた。

撮影には三日ほどかかり、あちこちのロケと組み合わせて我が家の古い家を使用した。

最終日の犯人逮捕の場面では、地元の県警がパトカーまで出して協力をする。

そのために、会社の前の道は夕刻から通行止めにされ、何だ何だと近所の人が大挙して見物に詰めかけた。

主役がK・E。当時かなり人気もあり、いわゆる二枚目ではないが、毒のない庶民派の万人受けする俳優。

そしてその弟が初共演するとも聞いていた。女優たちもそうそうたるメンバー。

十月中旬とはいえ、陽が落ちると冷え冷えとした空気に包まれる。

撮影が始まった。監督のオッケーが出るまで、何度でも撮り直す。

古い家なので、白熱球で照らす照明は電気を食うらしく、夕刻過ぎるとブレイカーが落ちることもあった。母と私は夕食の支度をしようと思うのだが、まだ撮影が続いている。

それも台所の隣の隣、囲炉裏のある吹き抜けの間に、俳優たちが並んでいる。とり囲む音声マイク係、照明係、レフ板係。

どうやらドラマの大詰め、犯人を特定して追い込むシーンらしく、緊迫した空気が流れていた。

打ち合わせをした助監督を見つけて、台所で食事の支度をしてもよいかと尋ねると、音は出すな、照明もつけるな、と言われた。

仕方がないので、私と母は暗がりの硝子戸越しに、撮影を見物することにした。

空気が冷え込んできて寒いのだろう。正座をしている主役の足の裏には、カイロが貼られているのが見える。

俳優が五人車座になって、神妙な顔つきをしている。主役の青年探偵が、殺人事件の推理をみんなに披露する場面。とり囲む俳優らが、青年探偵に注目する。

青年探偵は鼻にかかった声で、おもむろに切り出した。

「犯人は、こう考えたんじゃないでしょうか……」

そのとき、醸《ジョウ》はこう考えた。

——お腹が減った。早くごはんにしてくれないかな。

でもさっきから人間たちは、息をひそめて硝子戸の向こうばかり見ている。一体何が起こってるんだろう。

知らない人がいっぱいだ。それに電気もあんなにこうこうと照らしちゃって、まぶしいったらありゃしない。面白いことでもやってるのかな。僕も見てみたーい。だけど、短足の僕には見えないよう——

醸はくいと引き戸を鼻で押し開け、とととっと照明の中へ出ていった。

「カーット！　犬が通りました」

カメラマンの大きな声。撮影中断。

「すみません、すみません」と私は醸を追いかけて、照明の輪の中からさっと横抱きに犬を回収した。

俳優たちはふっと緊張をといて、笑ってくれた。

本当は、集中して演技しているさなか、大迷惑だったに違いない。

兄弟愛

兄弟というものは不思議なもの。

兄あるいは、姉というものは、いつどんな状況であっても、弟や妹よりも自分のほうが勝っている、と心の底で思っている。

だから、何かにつけて弟か妹の世話を焼く。

弟犬の黒ラブがもらわれてきたときの醸《ジョウ》は、じつはとても意地悪な犬に変貌した。

おそらくは自分の縄張りに入ってきた邪魔者を、何とか追い出そうとしたのだろう。

子犬は醸より一回り小さな体で、鳴き声もまだきゅんきゅん幼かった。醸はその子犬の耳をちょこっとかじっては、一歩下がって大きく吠え立てる。

人間がかばって子犬を抱っこしようものなら、それがまたいけないと、吠え立てる。

食事となると、隣り合わせに食べさせようとしても、自分のフードが奪われるのではないかと、またまた威嚇をする。

疲れて眠るのを待って、人間がそうっと子犬をケイジに収納する。が、すぐに気がついて、またまた子犬を噛もうとする。

追いかけっこが続くうちに、仲裁をする人間のほうが疲れ果ててしまう。

新入りへのいじめは、三日三晩続いた。

「相性が悪いようだから、子犬は返そうか?」

さすがに、人間も音《ね》を上げたくなった。とにかく夜の間も子犬への攻撃をやめようとしない。追い立てられた子犬は、狭い戸棚の間に逃げ込んで固まっている。

子犬もかわいそうだし、醸にしても、何でこんなやつが家にいるんだと不満顔。人間は睡眠不足で、頭がぼうっとしてきている。

ところが、四日目になって、醸がいじめをピタッとやめた。

仲間として認めたのか、あるいは仕方ないと一人天下を諦めたのか。

醸のあとを子犬がとぼとぼついて歩くようになった。醸は勝ち誇ったように尻尾をひらひらさせながら歩く。その姿はガキ大将のように見えた。

ひと月ほどすると、黒ラブは醸を上から見下ろすように体格がよくなって、足もすっくと長く育った。

それでも醸は、いかにも「早くしろ」だの「さあ行くぞ」と、弟の世話を焼く。まさに兄貴風を吹かせている。

時には黒ラブのほうが、「うるさいなあ、兄貴は」とでもいうように、長くて黒い棒のような脚で、ミニダックスをまたいでいく。

二匹そろっているところを見ると、どう見てもリーダーシップは醸のほうがとっている。犬にとっても人間にとっても、年の順という階級が暗黙のうちに意識されるのだ。

人間の集まりで、宴会などで誰に乾杯を頼もうかという際は、年齢の一番上の人にお願いすれば、間違いはない。誰もが納得する。

私が外出するときは、犬たちは一緒に車に乗っていくことに決めていた。

私としては、時間に追われるときは犬などにかまっていられないのだが、事務所の机の足元に寝そべっている犬たちは、出かける気配を察してすっかりその気になっている。

私が立ち上がると同時に、尻尾をありったけ振って、一緒に行きたいとアピールする。

仕方がないので醸を横抱きにして、黒ラブは駆け足で、決まって車の助手席に乗り込む。醸は運転席に乗って、長い胴体もろともシートベルトにくくられる。

「さあ、大急ぎで銀行へ行って、税務署へ書類を提出して、買い物して、三時までには帰ってこなくちゃ」

道中は、仕事の不満やら愚痴をいって、ガス抜きする。あるいはラジオから聞こえてくる好きな歌を一緒に大声で歌う。私のストレス解消法の一つ。

犬たちは、しっかり耳をそばだてて聴いている。時には目が合うと、本当にわかっているような顔をして見つめ返してくる。

犬のおかげで、人間は励まされ、元気づけられている。

愛醸物語

犬には、臭い付けのための液を溜めこむ肛門腺というものがある。大型犬は排泄時にフンと一緒に排出されるのだが、小型犬は時々絞り出してやらないといけない。そんな知識は全然持ち合わせていなかった。

あるとき、醸《ジョウ》が自分のお尻ばかり気にして舐めている。

おやっと思うと、真っ赤な傷があり、何やらぱっくり割れている。

大急ぎで獣医さんへ連れて行くと、肛門腺に溜まった分泌物にばい菌が感染して化膿し、破裂したのだ、と言われた。

すぐにでも手術が必要で、その手術の際は、同時に去勢するのが一般的と言われた。

ピッポも醸も、去勢せずに飼っていた。

我が家に飼われる犬はオスと決まっていて、夫の方針で、「去勢はしない」ということになっていた。

どうやら夫は自分の身に置き換えて、そんな酷いことはしないでおこう、と思ったらしい。

我が家で猫を飼う場合は、メスと決めていた。オス猫は発情期に臭い付けをところかまわずするので、家の中が臭くなるからだった。メス猫の場合は、一、二度子猫を出産したあとに、避妊手術をすることに決めていた。

その頃は、ビーグルのときに世話になった獣医さんではなく、近隣の年配の先生に診てもらっていた。

犬の肛門腺の図が載った本を見せられ、日頃から肛門腺を絞ってやらないと、分泌物が溜まってしまう。今回はそれが破裂してしまったので、その外科手術自体は簡単なものだけれど、一緒に睾丸もとり除くのが一般的なのだと説明された。

さっそく手術の日取りを決めて、その日に連れて行くと、手術のときだけお手伝いにくる、これまた年配の獣医さんがいた。

「手術、やっぱりするのかね？」

何を今さら。醸は排泄するのにも具合が悪そうで、一日に何度も庭に出てしゃがんでいる。昨日は室内で粗相をしてしまった。

「ぜひお願いします」

私は醸を預けて、すぐさま仕事に戻った。秋の行楽シーズンで団体バスの予約が連日何台も入っていた。

手術が終わって、醸を迎えに行く。痛み止めの薬が効いているのか、あまり元気がない。醸はケイジから出されて、診察台に乗せられた。傷口の周囲はバリカンで毛が剃られ、縫ったあとが痛々しい。

抱っこしようとすると、傷口からたらたらっと、血が流れ落ちた。

「ややっ、これは」

年配の先生は顔色を変えて、慌てて脱脂綿をあて、消毒して軟膏を塗った。

家に連れ帰って、定番のストーブの前に寝かせてやると、ようやく醸の目に輝きが戻ってきた。ごはんをやるとお腹が減っていたらしく、ゆっくり美味しそうに食べた。

隣で同じ食事に、旺盛な食欲でがっついている弟犬に、

「あいかわらずおまえは行儀が悪いな」とでも言うように、一瞥をくれる。

傷口が広がるといけないので、醸はその夜はケイジに寝かせることにした。

翌日、醸は朝の食事は美味しそうに食べたのに、夕方になるとまた熱が出たようでぐったりしている。フードを一口《ひとくち》も食べようとしない。

獣医さんに電話をすると、すぐ連れてくれれば、解熱剤の注射を打ってくれるという。

さっそく連れて行くと、注射を一本。醸は注射されるがままおとなしくしていた。

熱は下がったようで、翌日の朝には元気をとり戻した。


週末の土曜日は、予約のバスがたくさん入っていた。

午前中に四台、午後に三台。さあ、稼がなくちゃ。今日は天気もいいし、紅葉シーズン真っただ中。お客さまも景色に酔い、試飲を楽しみ、お土産もたっぷり買って帰ってほしい。

忙しい合間を縫って、時々醸の様子を見に行こう。

自宅と会社の事務所は、歩いて五十歩ぐらい。だから、頻繁に醸の様子を見ることができる。

朝、醸は食事を残した。

また熱が出たようで、ぐったりとしている。とはいえ、観光客を放っておくわけにもいかず、そうっとケイジに寝かしておくことしかできない。

とりあえず午前中のバス四台を何とか捌いて、午後一時過ぎにようやく昼食にありついた。

醸の様子を見ると、苦しそうに横になっている。

獣医さんに電話をした。

もしかしたら、手術がうまくいかなかったかもしれないので、もう一度やり直しさせてほしい。費用の負担はしなくてよい、との答え。

そんなことって……手術は簡単なものだと言ったのに。

午後の一台目のバスがやってきた。大慌てで迎え、マイク片手に案内をする。

ものすごい勢いで試飲のお酒を飲みまくる団体で、その分お買い物もたくさんしてくれたので助かったものの、次のバスが早めに到着して、私は続いて案内することになった。

てんやわんやの応対が続いて、ようやく醸を見に行くだけの暇を見つけた。

ケイジをのぞくと……醸はぐったり横になったまま、もう息をしていなかった。

「醸くん、醸くん、どうして……」

ああ、ピッポのときと同じだ。

人間が仕事に追われて飛び回っているときに、醸は一人寂しくあの世へ行ってしまった。きっと苦しかっただろう。熱があって、気分も悪かっただろうに。

手術なんかしなければよかった。苦しい思いをさせただけだった。

解熱剤の注射が、もしかしたら心臓に負担をかけたのだろうか。あんな小さな体で、手術と注射を受け入れて、必死で闘ったのだ。

自分を責めても仕方ないが、後悔の念がどっと押し寄せてきた。

十四歳とはいえ、まだまだ生きられたはずだ。ひらひら尻尾を振りながら、どこまでも私のあとをついてきたはずだ。どこへでも一緒に行くといって、ひょいと抱かれると、満足そうな顔をした醸くん。

畑へ行くのも車で出かけるのも、いつも一緒だった。寝るときも一緒の布団に寝ていたのに。

私の言うことを、ちゃんと受け止めてくれた醸。

真剣なまなざしで、そうなんだね、そうなんだ、と聞き入れてくれた醸。

「醸くん、醸くん、戻ってきて……」

体を撫でてやる。ほんのり温かい。声をかければ、むっくり起き上がってくれそうな気がして、必死で声をかけてみるのだけれど。

涙が、止まらない。

鼻水も、止まらない。

目が、真っ赤になってしまった。

それでも、最後の一台のバスがやってくる。どんな顔でも、仕事をするしかない。

舞台俳優は、幕が上がれば親の死に目にも会えない。そんな言葉が頭を駆け巡る。

たかがペットの犬が死んだだけで、仕事を休むなど、世間ではとても許されないことなのだ。

お客さまはみな初めての人だから、案内係のおばさんは結膜炎でも患っているか、風邪をひいて鼻声になっているぐらいに思うだけだ。

鼻をすすりながら潤んだ眼で必死に説明をし、お客さまの案内を済ませ、バスを無事に送り出した。

「社長、どうしたんですか」と、社員が変な顔をして聞く。

「醸くんが、醸くんが、死んでしまった……」

獣医さんに電話をして、醸が息を引き取ったから、もう手術のやり直しはしなくてよいと告げた。

「ややっ、それは……」

獣医さんは、あと何も言わなかった。

その日の夜、家族で夕食を囲みながら、みんな沈鬱な思いでいっぱいになった。

小さな子供みたいだ、と母に笑われるほど、私は声を上げて泣いた。涙が止まらない。

私のせいで、醸の寿命を縮めてしまった。痛い思いをさせてしまった。

もう少し気遣ってやれたらよかったのに。

もっといい獣医さんにかかればよかったのか。

冷たくなった醸は、ケイジの中にバスタオルにくるまって寝ている。体が一回り小さくなったように感じる。

弟犬が、どうしたの、ごはん食べないの?とでも言うように、のぞき込んで顔をぺろりとする。

ほんのひと月ほど前に迷い込んできた猫まで、醸のケイジをのぞき込んで、匂いを嗅いでいる。

犬好きの父は、黙って夕食を食べながら、時々涙をぬぐっている。

夫は、いつもより酒量が増えている。

虹の橋

広い敷地の一角に、醸《ジョウ》は埋められた。

硬い土をシャベルで掘る。桜の樹の根元に埋めてやりたかった。

いつだったか、一緒に散歩したとき、散った花びらを鼻にくっつけたまま、醸はうれしそうに歩いた。

バスタオルに包まれた体の上に、たむけの花を散らした。

虹の橋を渡るのも、その短い脚では大変だろう。

イヤだっていっても、もう抱っこはしてあげられないからね。

さあ、頑張って一人で歩いていくんだよ。

いつまでも忘れないから、いつまでも忘れられないから。

ミニチュア・ダックスフント

醸を飼った経験からの感想と考察

ミニチュア・ダックスフントは、

・人懐こくて、頭がよい。
・人間の言葉をよく理解する。
・お手、待て、など、しつければ芸もよくできる。
・階段の上り下りは体形が胴長短足なだけに、不得意。ヘルニアになる心配があるので、できるだけ階段は上り下りしないほうがよい。
・性格は個体差があるだろうが、我が強い。しっかり要求する。
・寒がりなので、冬は少し着るもので調節するほうがよい。
・小動物を追いかける習性がある。猫、ネズミ、モグラなど（実際に醸は、モグラとネズミを捕獲した経験あり）。
・掃除機が大嫌い。騒音と埃臭い空気をまき散らすのが目障りらしく、仇敵のようにノズルに噛みついて攻撃する。
・持久力はあるが、歩かなくなると爪が伸びるので、ケアが必要。
・小型犬にありがち、肛門腺は時々絞り出してやる必要あり。

醸くんの樽ハウス

車におとなしく乗っている醸

たんぽぽと醸
日向でのんびり現場監督

ブルーベリー
いっぱい採れたよ
お腹の泥除けにスーパーのレジ袋
シャカシャカ音がするのでお気に入り

〝醸用車〟に乗って畑へ
らくちんらくちん

もう一匹へんな弟ができた

弟犬と日向ぼっこ
足の長さは負けても、しつけに厳しい兄貴

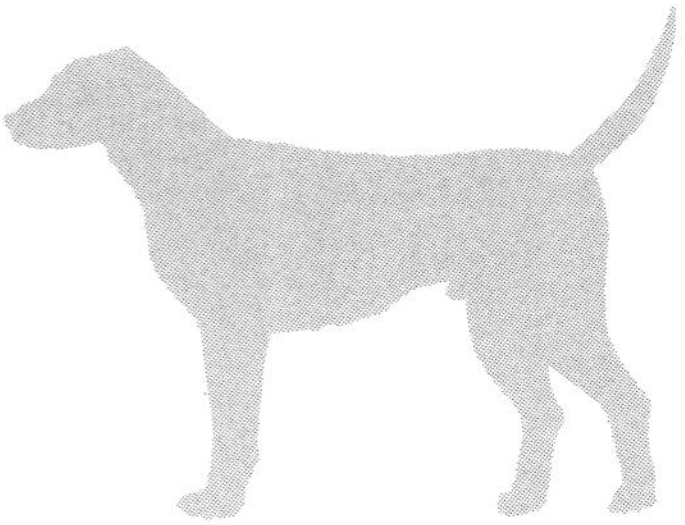

第三走者

吟

ラブラドール・レトリーバー

平成十四年〜平成三十年

もにょもにょ

人間に出会いがあるように、犬にも出会うだけの運命があった。

九月、黒ラブの子犬が産まれそうだという。夫の友人のエーイチさんのところでは、黒ラブをつがいで飼っていた。

ラブラドール・レトリーバーは盲導犬にもなる、とても賢い忍耐強い犬種。大型犬であっても、おとなしく人懐こいという。

絶対に見に行くまいと思っていたのに、生まれたと聞いた途端、子犬を見にすっ飛んでいった。

生まれた九匹の子犬は、イエローが二匹、残りは黒で、もにょもにょ動き回っている。どれもかわいい毛玉でしかない。

「三匹、何とかしてくれよ」

夫はエーイチさんに、そう頼まれていたのだった。

一週間ほどして再び見に行くと、どの子もみんなかわいらしく、元気いっぱいだ。特にもにょもにょ動くうちの、黒くて鼻筋の整ったオスを一匹、我が家で受け入れることにした。

名前は、飼う以前から決まっている。

「吟《ギン》」

ダックスフントの醸の名前がついたときから、次にくるペットは猫だろうが犬だろうが、ハムスターだろうが、吟、その次は、大。三匹そろえば「大吟醸」というわけである。

さらに続くなら、「純米大吟醸」かなどと、造り酒屋ならではの名前が用意されていた。

黒いメス二匹が、私の姉の家と、最近ハスキー犬を亡くしたばかりの友人のところへ嫁入りした。

これで三匹のノルマ達成。

こうして初めて飼う犬種の黒ラブの吟が、家族の一員になった。

犬の役割

生後二か月ほどで我が家にやってきた吟《ギン》は、先住犬のミニダックスに、三日三晩いじめられながら、それに耐えた。

四日目から、兄犬が妥協してともに暮らすこととなった。吟は、兄のあとをとぼとぼついて歩く。兄犬も弟の世話を焼く、面倒見のよい兄貴という役割に落ち着いたようだ。

ちょうど吟がやってくる少し前に、八十一歳の父が小脳梗塞で倒れた。

母は友人たちと一泊二日のバス旅行に出かけて留守だった。私は東京のお得意さんへの挨拶回りで出張中。よりによってそんなときに、夫が一人であたふたしながらかかりつけの家庭医に来てもらい、指示にしたがって救急車を呼び、近隣の脳外科病院への入院手続きをしたという。

一緒に暮らしているとはいえ、保険証がどこにあって、下着やタオルがどこにしまってあるかは、男にはわからない。よりによって母も私も留守なので、夫はとんでもない破目に陥って、さんざんな目にあいながら何とか苦境を乗り切った。

私は電話をもらって、直近の特急列車に飛び乗った。

昼に病院へ駆けつけてみると、幸い命には別条ないとのこと。倒れたのが朝の八時半頃で、かかりつけの医者とともに近くの脳外科病院に十時には到着していた。その処置が幸いして、とりあえず治療入院ということになった。

長年お世話になっているかかりつけの老先生は、

「婿さんは、なかなかよくやった」と、あとでお世辞抜きの評価をしてくれた。

そんな非常事態が起こったときに、黒ラブの吟が我が家にやってきたのだった。

ところが、大の犬好きの父は入院中。

が、かねてより決まっていたことなので、黒ラブの子犬がやってきた話をすると、会いたくてたまらなくなったらしい。

「確か旅行用の大きなボストンバッグがあるはずだ。それに入れて、こっそり病室まで連れてきてくれ」

「そんなこと、できるわけがないじゃない。犬を病室に入れたりしたら、病院から追い出されるわよ」

病気で倒れてから、父はとんでもないわがままを言うようになった。

日頃厳しく、思い込みの激しい父は、自分がこうと思ったことは決して曲げようとしない。私と意見が対立するとよく喧嘩をした。

私もある意味で、これと信じたことは譲りたくない性格だった。

それでもあまりに時代遅れなことを言う父より、自分の考えのほうが真っ当だと思っていた。

ところが、あるとき口喧嘩をしたあとで、夫が白けた顔をして、

「お父さんそっくりだ」と言った。

ショックだった。

自分は絶対にあんなわからずやの、頭から湯気を出して怒るような人間ではない、と思っていた。

私のほうがずっと人への思いやりがあって、あんな父のように、気に入らないとなると無視をする冷たい人間なんかじゃないと思っていた。それなのに、第三者から見ると所詮は親子、同じ人間に見えるのだ。

以来、自分も感情的になる前に、ちょっと一歩後ろに下がってよく考えたほうがよいと肝に銘じた。

年末が近づくと、酒屋は一年で一番のかき入れ時となる。

蔵人《くらびと》らも入場して酒造りも本格化し、年末の需要に応えて出荷量も大いに増える。増えてくれなくては困る。

寒さも本格的になるので、父は退院したあと、しばらく東京にいる姉夫婦の家に厄介になることになった。東京なら温暖だし、二か月もすればこちらも春めいてくる。

父を迎えにきた姉の車と、病院の駐車場で待ち合わせる。

私と夫の車には、吟と醸も乗っていた。

退院手続きが終わった父は、病院の駐車場で初めて黒ラブの吟と対面した。

「吟や、吟や、おうおう、いい犬だな」

犬好きな父にとっては、どれほど喜ばしいことであったか。しばし黒ラブの頭やら顔やら、耳に背中にと、あらゆるところを撫で回して、名残惜しそうに車のウィンドウを上げた。

二か月後に帰ってきてからは、吟は父のベッドで一緒に寝ることになった。

吟が大きくなっても、父はベッドに斜めに寝て、吟のためにスペースを提供した。

まさか大きな黒い犬と寝起きをともにすることになるなど、思いもしなかっただろう。けれどもそれは、犬好きにとっては願ってもないことだった。

今思うと、親不孝も親孝行もいろいろしたが、私が父にした一番の親孝行は、吟と一緒に暮らす生活をもたらしたことだったかもしれない。

ラブラドール・レトリーバーは、常に人間のほうを向いて、人間に尽くして暮らす犬である。

破壊工作員

吟《ギン》は、幼い頃とにかくよく遊んだ。

兄犬のミニダックスが、犬らしからぬ人間もどきの暮らしぶりだったので、吟も当然のごとく兄を真似た。

夜は人間と一緒にベッドで寝る。

私がどこかへ出かけるときは、一緒に車に乗って出かける。

ミニダックスがそうだったように、吟も歯が生え始めの頃は玩具《おもちゃ》をよく噛んだ。

与える玩具は、ゴム製の笛付きのドーナッツであったり、ゴム製のダンベルであったり、布製の人形や結んだロープもあり、噛み応え十分の硬い骨もあった。

問題は、脚の短いミニダックスと、脚が伸びて兄を跨ぐほどになった吟が、同じ玩具を奪い合うことだった。

いくつもあるのだからそれぞれが好きなもので遊べばいいのに、なぜか二匹そろって同じ玩具で遊びたがる。奪い合いになって、本気で追いかけっこをする。

そのうちに、吟の噛む力が強くなったのか、玩具という玩具はほとんどが半分壊れた形で、そこら辺に放り出してあることが多くなった。

兄犬が遊ぶ物は、当然自分も遊んでいいのだ、と吟は思ったようだ。

兄犬お気に入りの魔女の人形は、吟がしばらく遊ぶと詰め物の綿があちこちからはみ出る始末。ピューピュー鳴る笛付きの玩具はいつしか音が鳴らなくなる。ついでに、どこへ行くにもお気に入りを持っていくので、とんでもないときに庭の片隅で泥だらけで発見されることもあった。

あるとき、あまりに二匹で奪い合いをするので、こちらもつい大きな声を出して怒ってしまう。

「ふたりとも、いい加減にしなさい！」

そんなとき、兄犬が悲しそうな顔をしてこちらを見る。

「僕が悪いんじゃない。何でもかんでも壊してしまう、こいつのほうを何とかしてくれ」

かくして吟は、破壊工作員と題したコラムに登場した。

赤いバンダナ

ミニダックスは胸当てがトレードマークだった。黒ラブの吟《ギン》は赤いバンダナがよく似合った。

畑へ出かけるときも、常に首にバンダナをしている。

畑へ行くと、広々とした景色が好きなのか、吟はよく遠くを眺めて座っていることが多かった。

まるで真っ黒なお地蔵さんのようで、赤いバンダナはさしずめお地蔵さんのよだれかけ。吟は子供にもやさしく、決して噛むようなことはしなかった。ただ黙って子供の様子を見守る。が、犬を知らない子供は、吟が真っ黒で大きいというだけで、怖い、と言って逃げ出した。

散歩に行くと、さまざまな犬種と出会う。吟の場合は小型犬に大人気だった。

近くで飼われているマルチーズのベルちゃんは吟のことが大好きで、出会うとちぎれんばかりに尻尾を振った。飼い主が引き離そうとすると、悲しそうな鳴き声を上げていつまでも後ろを振り返り振り返り、家へ帰っていった。

夫は気が向くと、吟を連れて朝の散歩を楽しんだ。

私は夜更かしがたたって、たいがい夢の中。春先からは畑の世話でミニダックスとともに畑で草むしりやら、剪定と施肥、水やりなどに明け暮れていた。

あるとき、突然ケイタイに電話がかかってきた。

「車で迎えにきてくれ。ちょっと怪我をして、歩けないから」

どうしたことかと迎えに行くと、公園のベンチに座る夫と、その横でおとなしくお座りをしている吟がいた。

じつは、散歩の途中で雑種犬が不意に現れて、がぶりと夫の脚を噛んだ。かなり深く牙が食い込んで出血もした。それを見ていた吟が、ものすごい形相で雑種犬に飛びかかったという。組み伏せる格好で、牙をむき出しにして威嚇する様子は、別の犬かと思うほど獰猛な顔つきだったという。

そこへ、雑種犬の飼い主がやってきて、血相を変える。

まるで吟が、雑種犬を襲っている光景である。

「その黒い犬を早くどけてくれ」

「そちらの犬が先に襲いかかって、私の脚を噛んだので」

夫が赤い血の流れた脛を見せると、相手は平謝りに謝って、犬を引きずるようにして家の中へ引っ込んだという。

飼い主の窮地を救うのは、自分の使命だと思ったのだろうか。あるいは突然目覚めた本能が、襲われたら襲い返せと反応したのだろうか。

吟は散歩のお伴と護衛役、年老いた父の添い寝役に、兄犬の遊び相手と、いろいろな役割をこなす毎日だ。

置いてきぼり

気候が穏やかになると、毎朝の散歩が習慣になった。

夫は吟《ギン》を連れて、近くを一時間ほど歩く。私は週に一、二度は付き合うが、たいがいは朝寝をむさぼっている。

朝の六時か六時三〇分から約一時間。雨降りや風の強い日はお休みするとしても、吟にとってはそれが一日の最大の楽しみのようだった。

あるとき、夫は友人たちと、隣の県までゴルフの遠征に行くことになった。早朝四時に出発しないと、ゴルフ場の予約時間に間に合わない。バッグ片手に早々出かけて行った。

いつもの時間に、吟は私たちの部屋へやってきた。毎晩父と一緒に寝ていても、散歩の時間になるとちゃんとやってきて待機している。

が、ぐるりと部屋を見回して、おや、変だぞという顔をする。

空っぽの寝床の匂いを嗅ぎ、すたすたと部屋を一回りすると、たたたっと階下の台所へと走っていった。先回りされたか、トイレにでも行ったのか、と夫を探し回っている。

「おかしい、どこにもいない」

もう一度部屋へ戻って、確かめる。

「やっぱりいない！　僕を置いてどこへ行った？」

困った顔をして吟は私を見上げる。何を考えているかが目の色や顔つきからはっきり見てとれる。

「今日の散歩は、なし。もう出かけちゃったよ―」

その日一日、吟は元気がなかった。

夕方、夫が帰ってくると、目をきらきらさせて飛び上がった。

吟はうれしいときは、ぴょんぴょん跳ねた。リードに繋がれているので、その場でゴムまりのようにピョーンピョーンと上下動を繰り返す。繰り返しながら、ワンワン吠えた。

「僕はここだよ。おかえりなさい。どうして連れて行ってくれなかったの？」

置いてきぼりを食ったのが、よほど悔しかったのだろう。

翌日からいつもより少し早めに吟はやってきて、夫がまだいることを確かめると、部屋の入口にどさりと横になって寝た。

部屋を出る際には、吟を跨がなくては出て行かれない。

そうなればいくら眠っていても気がつくから、置き去りにされる心配はないと考えたようだ。

逃亡犯を見張る役か、身辺警護のガードマンか。人間の気配がすると、すっと立ち上がって、どこへ行くの?と問いただすように人を見上げる。そんな仕草に、ラブラドール・レトリーバーがいかに人間中心の生活をしているかがうかがえる。

しかし吟は若い頃よく逃亡した。

こちらがうっかりリードを外したまま吟とボール遊びに興じていると、通りがかりの猫を追いかけて吟は生垣を潜って走って行ってしまった。人間は逃げられる都度必死で追いかける。が、さすがに犬だけあってとても追いつけるものではない。

あるとき一計を案じて、猫の首ならぬ犬の首に鈴を付けたことがあった。クリスマスも間近な頃でジングルベルのようだと思ったが、本人もまんざらではない様子だった。が、一週間もしないうちに鈴はどこかに消えた。

一度自由の身になると、まるで「ここまでおいで」とでもいうように、振り向き振り向き田んぼ道を走っていく。「帰ってこーい」と追いかける人間。その距離が縮まらないように周到に考えて、吟はすたすた駆けていく。

追いかけるほうにすれば、リードを握っていなかったのが悪いのだから仕方がないとはいえ、五十メートルも走れば息切れがしてくる。追いつくだけの体力もない。

吟は、必死で追いかけてくる人間の姿を面白がっている。

そこで、人間は別の策略を考える。いったん戻って車であとを追いかけることにした。

車が目に入ると、今度は吟が慌ててUターンして戻ってきた。どこかへ出かけるんだ、と思ったに違いない。

置いてきぼりを食わないように必死で戻ってきて、開けたドアから車にひょいと乗り込む。

さっきまでの逃亡劇はどこ吹く風。

車から見る景色は最高だぜ、とでも言わんばかりの顔をして、吟はドライブを楽しんでいる。

コレクション

吟《ギン》は、ボール遊びが大好き。ボールと見ると、何でも自分の物だというようにかじって離さない。

あるとき、物置から昔の古い道具が出てきた。一体何を入れていたのかわからないが、九つの仕切りの付いた縦長の棚。高さは七十二センチ。鯨尺《くじらじゃく》で一尺九寸ちょうど。縦一列に九つある仕切りは二寸角。七・五センチの正方形である。裏には「明治十六歳未《ひつじ》一月吉日披之《これをひらく》」と墨で記してある。

昔から、我が家の風習で古い物は使わなくなっても、廃棄したり焼却してしまうことはない。おかげで要らない物も後生大事にとってある。

物置やら納戸があちこちにあるからだが、何世代にもわたって住んでいる古い家ならではのことだ。引っ越しか建て直しでもしていれば、さすがにもう少しガラクタは少ないだろう。だが私で六代目ともなる酒屋は、古い物にこと欠かない。

「昔はおおがないで、大変だった。毎食三十人分の食事を用意したからね」

と、母は思い出しては言う。

おおがない、とは大人数の賄《まかな》いという意味だろう。

竈《かまど》に火をおこし、毎食七升の米を炊き、味噌汁と漬物を用意し、昼には昼なりの夕食には夕食なりのおかずを用意する。

時には「今夜は夜業だ」と言われると、夜食も用意する。

たいがいは塩むすびと沢庵ぐらいのものだが、女衆は朝から晩までおさんどんに追われた。

スイッチ一つでごはんが時間通りに炊き上がる現代からすれば、昔の日常の暮らしには、今では考えられないほどの労苦がいった。近くに弁当を売っている店があるわけでもなく、酒造りの蔵人《くらびと》から瓶詰要員、配達員や事務員、さらに大勢の家族（親戚や居候もいる）の胃袋を満たすのは、大変な労力と知恵がいったはずである。

大勢が食事をする分、物置には御飯茶碗や汁椀、どんぶり、古めかしい色合いの取り皿などが、何十人分も残されていた。食器だけでなく釜や鍋もある。古い蔵の中にはお客さま用の食器、お正月やお祭りなど特別な日のための塗り物のお膳も一式（四十膳単位で）しまわれている。

いつかは全部きれいさっぱり処分するなり片付ける必要があるだろうと思いつつも、なかなかできない。

九つの仕切りの付いた縦長の棚は、吟が遊ぶボールを入れるのにちょうどよい大きさだった。

一番上にはお気に入りの硬式テニスボール、二番目は野球ボール、三番目はゴムボール。黄色に赤に、青に紫。

遊びたいときには、吟はその棚の前にじっと佇み、一声「ワン」と鳴いた。

しばらく散歩も中断気味なので、ボール投げをして遊んでやる。一つ投げて持ち帰ると、次のボールを違う方角に投げてやる。

吟はボールを持ち帰ってきながら、次はどちらに投げるのだろうと視線を泳がせ、次のボールを追う行動に移ろうとする。

遊び相手の人間も、右へ投げると見せかけて、左へ投げる。

吟は右へ行きかけておいて、慌てて左へと向きを変え、必死でボールを追いかけた。

さすがに疲れたので、もうおしまい。

「ないないして」と言うと、吟は名残惜しそうに棚の前にボールを持ってきて、ぽとりと落とすようになった。

私たち夫婦には子供がいない。犬がほとんど我が子同然なので、話しかける言葉は半分は幼児言葉になる。

「いい子にしてるのよ」

「ちゃちゃが、飲みたいの？」

「もうねんねしなさい」

ある年の冬、例年にないほどの雪が降り積もった。

犬は雪を喜ぶというが、吟もそのとおり、大喜びで雪の中を飛び回った。

いつものボール遊びのつもりで、黄色いボールを投げてやる。次に赤いボールを投げる。

そのうちに、吟は一人遊びをするようになった。

赤いボールを雪の中に埋めておいて、しばらく別の場所で遊ぶ。五分ほどして、赤いボールを埋めた場所に戻ってきて、

「あれ、どこだ、どこだ、ボールはどこ行った」と、一人であちこち雪をほじくり返してはボールを探す。そして見つかると大喜びで、「あった、あった」と、口にくわえてあちこち走り回る。

そのうれしそうに楽しんでいる様子は、ちょうど三〜四歳児ぐらいの一人遊びに似ている。

ラブラドール・レトリーバーは、人間の言葉をよく理解し、人間の感情も読みとり、人間の命令や指示にはきちんと従う性格である。

散歩をしていても三叉路に差しかかると、ちらりと人間の方を向いて、右へ行くか左へ行くかを確かめる。人間の歩くペースに合わせて右側をきちんと歩く。人間が立ち止まると立ち止まり、信号待ちの際はきちんとお座りをして待っている。

厳しくしつけをしたわけではないのに、吟は常に人間の指示を仰いでそれに従った。決して飼い主の意に背くようなことはしなかった。

盲導犬に最適なだけに、排泄も朝と夕方外に出してやるだけで十分だった。それだけ我慢もできた。

朝の散歩だけは、一番の楽しみでもあり、好きなときに好きなようにオシッコをした。

暑い夏は小川に入って歩くのが好きだった。田舎の田園地帯は、必ず田んぼに水を引くための水路がある。今やコンクリート製のU字溝が設置されている。

その水の流れが大好きで、散歩コースの中でも決まった水路に足を踏み入れる。そして、十から二十メートルほどザブザブ気持ちよさそうに歩く。

水から上がったときの吟は、水遊びに興じる子供さながら、目をキラキラさせて満足そうな顔をしている。

命を救う

大げさかもしれないが、吟《ギン》は人間に尽くして、命も救った。夫は仕事のストレスから、血圧が高くなった。

世界中がリーマン・ショックなるアメリカの金融危機のあおりを受けて、日本でも景気が不安定になっていた。

仕事がうまくいかないストレスから逃れようと飲酒をする。それがさらにストレスを呼んで、飲酒量が増える。眠れない夜が増えるにつれ、朝も起きられない。

しばらく散歩も中断していた。

私とは別の会社経営をしていた夫は、中小企業なだけに何もかもが社長の肩にかかっている。

売上が思うように伸びない。銀行がいろいろ言ってくる。社員が不満を言う。かわいがっていた部下に辞められる。仕事が夜遅くまで続く。食事が不規則になる。お付き合いで飲酒量が増える。

悪循環やらさまざまなことが重なって、血圧も下のほうが一三〇を超えた。

医者に、「いつ倒れてもおかしくない」と言われた。

降圧剤を飲めばいったんは血圧も下がるだろうが、ずっと飲み続けなくてはならない。薬漬けになれば、肝臓などのほかの臓器に負担がかかる。酒量が増えて、ただでさえ肝臓値が悪いというのに。

有酸素運動をするのがよいと言われて、しばらく中断していた朝の散歩を再開することにした。

人間一人で一時間以上歩けと言われても、歩けるものではない。それも何日も続けるには根気もいる。

その点、犬というお伴がいれば励みにもなり気分も軽い。吟はいくらでも付き合ってくれて、いくらでも歩いた。

「たまには一緒に歩こうよ」

そう誘われて、週に二、三度は私も一緒に歩くことにした。

歩くといろいろな景色が見えてくる。

春には燕が飛来し、カルガモが水辺で泳いでいる。秋には艶やかな茶色の栗の実が落ちている。冬は晴れ上がった空と山々に心が洗われた。淡い紅《くれない》に染まる朝焼けがきれいなときもあれば、木々の芽吹きに春を感じ、吹き過ぎる風に胸がすっとすることもある。

うろこ雲が空いっぱいに広がって、そろそろ秋が近いのか、と季節が過ぎていく早さを実感する。

一年ほどして、夫の血圧の値がびっくりするほど正常になった。

不思議なもので、体調が整ってくると会社経営も順調になってきた。たまたま世の中の動きがそうだったのだろうが、負のスパイラルから抜け出ることができたのも、吟のおかげだったと思う。

父を看取る

父は小脳梗塞で倒れたあと、多少の身体的後遺症を患いながらも何とか普通に暮らしていたが、急に体調を崩して入院した。

退院後は、二階の寝室ではなく一階に電動ベッドを用意した。同じ部屋のソファで、私が寝起きをして、夜の間の世話をする。昼間私が仕事をする間は、母が食事やトイレの世話をする。

そんな生活が一年以上続いていたが、あるとき父が喉を詰まらせて、救急車で病院へ運ばれた。

誤嚥性肺炎。

血液検査などの結果、数値は薬で改善する見込みがないほど悪くなっていた。それでも意識はしっかりしていた。

ちょうどその頃、会社の経営状況を好転させるために、遊休資産を売却することになっていた。

まだ私と父の二人が代表という立場だったために、会社名義の資産の売却には二人の意志確認が必要だという。

司法書士に病室まできてもらい、父に売却手続きの本人確認をしてもらった。ある意味で、これが最後の仕事になった。

主治医から、高齢でもあり、あと一週間ぐらいの余命だろう、と言われた。

昼間は母が付き添い、夜は私が入れ替わって病院の個室のソファで寝た。

それでも昼間体調がよいときは、昔の思い出話をする。ほとんどが学徒出陣で軍隊に行ったときの苦労話が多かった。

毎日顔を見にきていた夫に、突然、「あとをよろしく」と、改まって言うかと思うと、「吟《ギン》は元気でいるか」とつぶやく。

それは日曜日だった。

あまり面白くもないNHKの大河ドラマを見ているときに、モニターの数値が急に降下して警告音が鳴る。

ここ数日は、モニターの警告音が鳴ってはナースが駆けつける、その繰り返しだった。が、このときはさっと姿を消して、当直のドクターが呼ばれた。そして、父の身体に聴診器を当てる。私にほかの家族を呼ぶようにと言う。

大急ぎで電話をかけると、一時間ほどして、夫と母がタクシーでやってきた。

三人そろったところで、当直のドクターが腕時計に目をやって、「十一時十分。ご臨終です」と宣言した。

病院で患者が死ぬと、どうなるか。

家族三人で涙にくれていると、当直のナースがやってきて、最初は遠慮がちに、そのうちに手慣れた様子で、父の身体にとり付けてあったチューブやらモニター器具をさっととり外した。

そして、このあとの手順を説明し始めた。

着せたい服を選んでください。あとで身体をきれいにしてその服を着せますが、できれば浴衣か着物がよろしいでしょう。

あとはご遺体を自宅へ運んでください。

そうなのだ。病院は生きてる人間の世話をするところで、死んでしまった人間の世話は、家族でするか葬儀屋さんに頼まなければならないのだ。

公衆電話ボックスへ行き、職業別電話帳を開く。聞き覚えのある葬儀屋へ電話をする。深夜でも、ちゃんと応対をしてくれる。

人間は、あの世へ旅立つのに昼夜を問わない。葬儀屋さんというのも、コンビニと同じ二十四時間営業なのだ、と変に納得する。

自宅に戻り、奥座敷に父を寝かせるための布団を用意した。

病院から自宅へ遺体を運ぶことを、葬儀屋さんは「下げ」と称していた。

まさに病院から下げられてきた父を、奥座敷に寝かせる。母と夫と私が、そろってあたふたしているので、犬の吟も座敷までやってきて、何してるんだ、と言わんばかりの顔をする。

「お父さん帰ってきたよ」

寝かされている父の顔に鼻を近づけると、吟はその顔をぺろりと舐めた。

猫もやってきて、ふかふかの布団の上にそうっと足をかけ、誰も何も言わないでいると、布団の上で丸くなった。

生命の宿らないものに対して動物は非情な態度をとるものと、私は思い込んでいた。動物といえども、長い間一緒に暮らした人間を温かく見送る心が備わっている。

しばらくして、夫が父の好きだった日本酒を持ってきて、枕元で一杯傾ける。母も私も一緒に座って、「吾輩にも一杯ついでくれ」とお父さんが言いそうだね、と三人で涙ながらにお酒をすすった。

吟も猫も、近くに寝そべっている。

明日は明日でやることがたくさんあるから一眠りしておかないと、と寝床についたのは午前三時を回っていた。

翌日は、ただただ葬儀屋さんに指示されるがまま、次から次へとやることをこなしただけ。あまり記憶には残っていない。

会社関係は後日お別れの会をすることにして、とりあえずはお通夜、そして翌日は火葬場へ向かう。葬式は菩提寺で家族と親族だけで行うことにした。

近所の人に見送られながら、保存運動に情熱をかけた文化財などゆかりのあった場所を巡り、火葬場へ。

お骨になった父を胸に抱いたときは、ほんのりまだ余熱があった。まるで父の体温のように思えた。九十一歳。大往生だった。

シニア犬

顔の黒い毛に交じって、口の周りや目の上に白い毛が混じり出した。

犬も歳をとると白髪になるんだ。

兄犬が亡くなってからは、迷い猫が吟《ギン》の相棒として一緒に暮らしている。相棒というにはちょっと心寂しい存在である。

父が他界したあと、吟は父のベッドを遺産相続して、のうのうと一人で寝ていた。ルームメイトは母。一人残された母は、吟がいるおかげで寂しさが紛れるという。

母が夜中にトイレに起きると、決まって吟はすっくと半身を起こして、「どこへ行くの？」という顔をする。

「トイレに行くだけ」と答えると、またばたんと体を倒して寝る。

若い頃は、人間が出かける支度を始めると置いていかれないように、一緒に出かけるんだ、と言わんばかりに目を輝かせた。時には早くしろとせっつくように、ワンと小さく吠えたりもした。

それが、年老いたせいなのか熟睡しているのか、吟の動きが鈍くなった。日中、私の仕事机の足元で寝そべっている。

「出かけるわよ」と、声をかけると慌てて立ち上がる。

人間も歳をとると物忘れが激しくなり、長時間の重労働は無理がたたって、翌日は腰が痛い。あるいは、翌々日になって、ずしんと疲労が重くのしかかってくる。

犬とても、寄る年波には勝てないのだろう。

手っとり早くバランスのよいたんぱく質をとるなら、卵がいい、と夫がどこかから聞いてきた。生卵ではなく、ゆで卵がよいという。

かくして、吟の朝ごはんは、ゆで卵一個と、ドライフードとなった。

人間の七倍の速さで歳をとっていくという犬たち。出会ったのち必ずやってくる別れをも甘んじて受け止めるのが、飼い主の定め。

とはいえ、物心ついた頃から犬や猫が一緒に暮らしていたので、一匹見送ったら、また懲りずに次の命を預かる。常に犬や猫らが人間の生活を潤し、癒し、楽しく彩ってくれる。

ならば、吟が元気なうちに次の世代の犬を飼えば、犬社会の先輩として次世代をきちんと教育してくれると確信を持って、次の犬の候補を探し始めた。

吟が生まれた平成十四年（二〇〇二年）頃は、ようやく携帯電話が普及したぐらいで、インターネットは一般庶民の生活にはまだまだ浸透していなかった。

それが一気にホームページだのブログだの、メールだSNSだと、目に見えないネットの世界が広がった。というか、コミュニケーション手段が広く浅く行き渡る時代がきた。そんな時代らしく、夫がある日、こんな犬がいるよ、とケイタイの画面を差し出して見せた。

インターネット上で、犬のブリーダーが子犬情報を載せていた。白っぽい子犬がちょこんとお座りをしている。

そんな画面を見てしまったら、もう決まったも同然だ。

平成二十七年（二〇一五年）の四月に、吟の弟犬がやってきた。

吟がやってきたとき、ミニダックスの兄犬に三日三晩いじめられたあげく、ようやく兄弟の契りを交わしたのだったが、果たして吟は弟犬をどのように受け入れるのか。

吟の性格からして、おそらく寛容に受け入れるものと思われた。

ところが、意外にも、吟は新入りの犬に対して厳しかった。

一緒に散歩をしても、あっちこっち行きたがる弟犬に苛立ちを覚えるようだった。散歩の最後、我が家の敷地に入ると、弟犬のリードをほどいてやる。すると、めきめき伸びた脚を駆使して草をなぎ倒すように疾走する。そして円を描いて戻ってきた弟犬が、最後は必ず吟の鼻先をかすめるように通り過ぎた。半分ぶつかりそうになると、吟は不機嫌に叱った。

年老いて玩具《おもちゃ》で遊ぶことは少なくなったが、それでも一番くわえやすいお気に入りのボールを弟犬に奪われたときは、鼻じわをよせてはっきりと怒って見せた。

今流の言い方をすれば、「お前はウザイやつだ。俺にはかまうな」

かつて自分が「破壊工作員」となって、兄犬を悩ませたことなどすっかり忘れている。

とはいえ、猫を相棒にしているときより、弟犬の存在が吟の生きる意欲を掻き立てたようだ。ほどなく食欲が増して、ゆで卵のおかげで毛艶までよくなってきた。

若者には負けていられないと肩肘を張ったか、まだまだ自分の経験を伝授する使命があったことに気づいたのか。若い血からエネルギーをもらった様子。

人間も同じで、同じ世代だけで集まっても話題は堂々巡り、昔話ばかりに花が咲く。ところが異なる世代と暮らすと、おのずと考え方や生活スタイルの違いを思い知らされる。お互いを刺激する要素として前向きに捉えれば、同居も決して悪くはない。新しい世代にはその世代の文化があり、古い世代には培われた経験がある。

寒い冬は、犬二匹で石油ファンヒーターの前に陣どるのが常だった。

犬は元来寒がりなのだ。

温風の前に横になる吟の上に、細身の弟犬はかぶさるように十文字に寝る。重いだろうに、吟は弟犬を追い払うことはしなかった。

案外温かくてよかったのかもしれない。あるいは頼られることに満足を覚えたのかもしれない。

ブルーベリーの収穫時期は、七月から八月上旬。まさに夏の一番暑い盛り。色づいた果実は鳥に突つかれてしまうので、収穫期には防鳥ネットを張る。吟は畑の入口付近の支柱に繋がれて、私の摘みとり作業が終わるのをじっと待っていた。

朝六時から八時ぐらいはまだしも、九時を過ぎると日も高くなって、ぎらぎらと照りつける。真っ黒な毛色の吟にとっては、暑さにも限界がある。

だいたい九時四十五分頃になると、吟が声を上げる。

「暑いから、もう帰ろうよ」

夢中になって摘みとっている私にとっては、時計代わりのよい号令だった。おかげで熱中症にならずに、ほどほどのところで作業を止められた。

ある意味で私の健康管理も吟がしてくれていた。

たまにネットの中に、ムクドリが入り込んでいることもあった。そんなときは、吟を解き放ってやる。三百本はあるブルーベリーの樹を縫うようにして追いかけ回す。鳥も必死だが、吟も必死に追いかけて、とうとう鳥を捕まえた。

そんなときはやっぱり愛玩動物化された犬であっても、狩猟本能は残っているのだなと感心させられる。

年老いてからも、吟の活躍する場はいくつもあった。

最後の日

吟《ギン》の最期は、突然やってきた。

いつもどおり、夫が朝の散歩に吟を連れ出した。二階から階段を下りる途中で、吟が足を踏み外して一階の床へ転がり落ちた。足を踏み外したというよりも、急に体の動きが不自由になったらしい。

抱き上げてやるが、自力で歩けそうにない。

人間二人がかりで抱きかかえ、とりあえず居間のソファに寝かせる。

吟は肩で息をして、寝そべっている。水をやると、少しだけぺろぺろ舐めた。

心臓でも悪いのか。

ああ、こういう日に限って、仕事が立て込んでいる。

その土曜日は、大きなホールでイベントがあり、そこに出展していた。開催者側にもかかわっていたので、とても休むわけにはいかない。

吟の面倒は母にまかせて、夫も私も出かけた。

母は吟のためにエアコンを調節し、時々「どう?」と顔をのぞき込んでは、水を飲ませてやった。

弟犬は、どうしたの?とでも言いたそうな顔をして、少し離れたところから見ている。

夫はいつもより仕事を早めに切り上げて帰ってきて、一度吟を外まで連れて行って、オシッコをさせてやった。

私はイベント終了後、夕方遅く帰ってきた。

その日の夜遅く、私が見守るうちに寝息がすうっと細くなって、吟は静かに旅立っていった。

たった一日患っただけで、治療に時間と費用を費やすこともなかった。

それよりも何よりも、家族がそれぞれしっかり吟とお別れする時間を持つことができた。

仕事の忙しさにとり紛れて、ビーグル犬もミニダックスも、私の知らない間に旅立っていった。

それに比べれば、吟は何て人間思いなのだろう。

死に際まで、人間に最大限迷惑をかけずに、そしてそれぞれ家族にきちんとお別れを言って、そして最後は「そろそろ逝ってもいいかな」とでもいうように、静かに、私の目の前で、虹の橋を渡っていった。

ありがとうね、吟。

十六年の間、ほんとうによく尽くしてくれた。常に人間の心に寄り添うように、人間を見つめて、人間のために生きてきた。

平成三十年（二〇一八年）二月八日、ラブラドール・レトリーバー吟が、永遠の眠りにつく。

ラブラドール・レトリーバー　吟を飼った経験からの感想と考察

ラブラドール・レトリーバーは、

・人間の言葉、感情をよく理解し、人間の指示を尊重して行動する。飼い主にとても忠実。
・黒ラブは寒さには強いが、暑さには気遣いが必要。
・ブラッシングは、季節の変わり目には特に必要。かなりの毛が抜け落ちる。
・排泄は我慢できるので頻繁ではないが、決まった時間にオシッコと散歩をすると、犬も生活のリズムができる。無駄吠えはしない。
・運動はそれなりに必要。肥満にならないだけの運動と食事のバランスが健康のもと。
・ボール遊びが大好き。何かを追いかけるのも大好き。
・ほかの犬種と友好的だが、中には気性が合わないものもいる（吟の場合は、純粋な柴犬と甲斐犬とは、犬猿の仲だった）。
・子供を噛むようなことはないが、大型犬なので怖がられる。

・車に長時間乗ることは平気。また土地勘もあり、目的地の近くになると、むっくり起き上がるなど、地図が頭に入っている。

兄貴、楽してるな

醸くんとふたりして私の椅子をとらないで。
仕事ができませんよ。

赤いバンダナ似合うね。
でも黒いお地蔵さんみたい

雪が大好き、ひとりでボールを
埋めては探す。楽しそう！

新入りは変なやつ

畑にはブルーベリーの花が満開

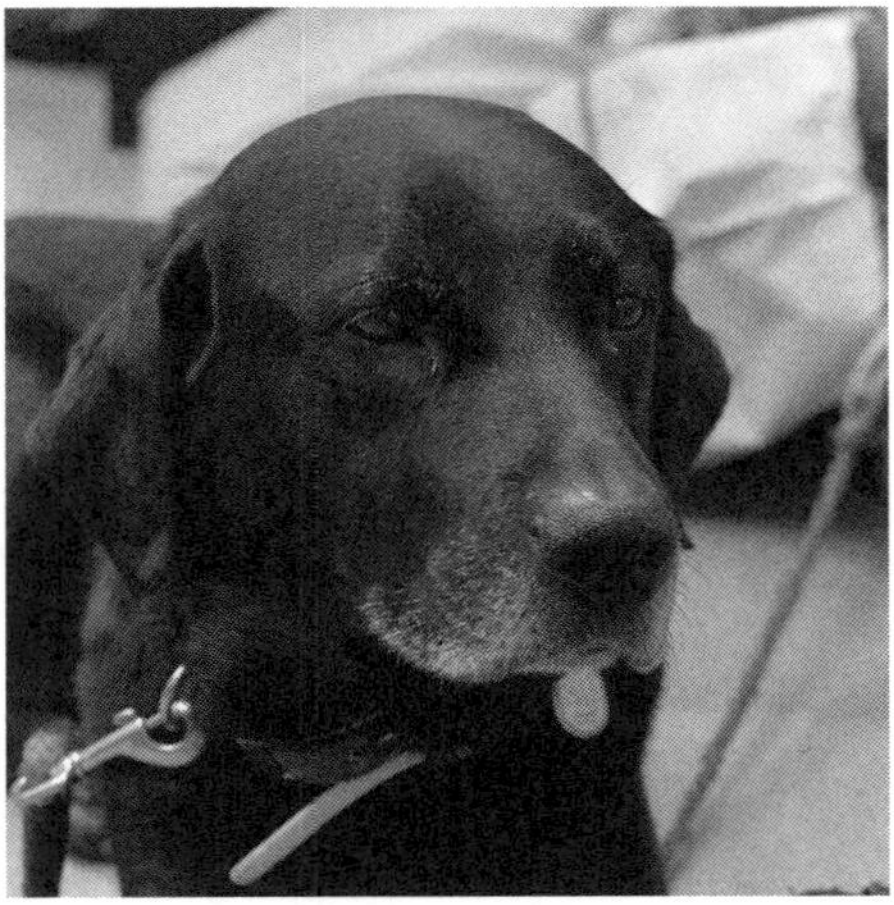
犬も人間も歳をとると白髪になる

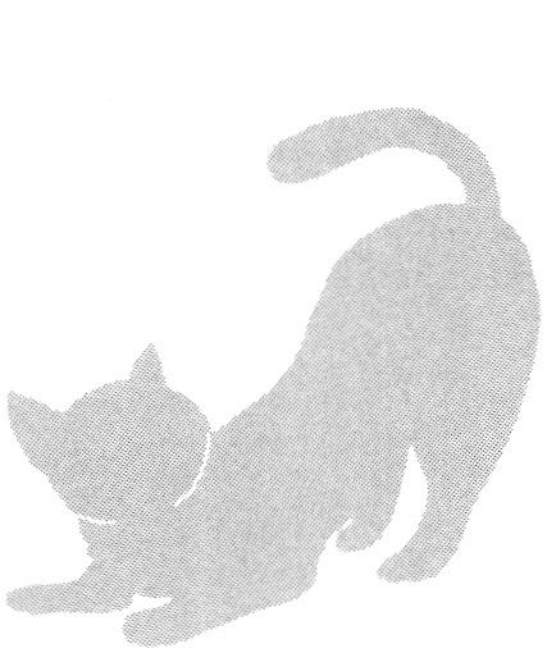

伴走者

大

迷い猫

平成二十二年～平成二十九年

迷子の猫

やってきたのは、がりがりにやせこけた子猫だった。埃にまみれ、目ヤニで汚れた白と黒のぶち猫。鼻筋は曲がっている。尻尾も半分あたりでくの字に折れている。

野良猫が産み落とした子なのか、捨てられたのかわからない。

夫の会社の駐車場に迷い込んできたという。放っておけば、おそらく二、三日後には命の火も消えてしまいそうだった。

拾う人間も拾われる猫も、どちらも広い世界の中で出会ってしまったからには、一緒に生きていく。

とりあえず流しで体を洗い、牛乳をやると、ぺちょぺちょ舐めるだけの元気はあった。歩くのはよたよた、体重を量ると六〇〇グラムほど。生後一か月ぐらいのオス猫である。

昔から我が家では、飼うのなら犬はオス、猫はメスと決まっていた。

とはいえ、瀕死の状態でいるものを放っておくわけにはいかない。

見たところ、「シャーッ」と威嚇する元気も知恵もないのか、ずいぶんおとなしい。何かに怯えているのかもしれない。掌に包まれながら小さな体が時々ぶるぶるっと震える。

以前飼っていた猫の食べ残しがどこかにあったはずだ。戸棚の奥にしまってあった、レトルトパックをお皿ににゅっと出す。この際消費期限などかまってはいられない。人間の健康のバロメーターは、食欲。食べたいと思う限りは生きていかれる。物が食べられなくなったら、要注意。

子猫は匂いを嗅いで、そっと舐めた。やがてもごもご食べ始めた。

よし！

やせこけてはいるが離乳できているなら、そのうち元気になるだろう。

翌日、さっそくT動物病院へ連れていった。

「お名前は？」

「大《ダイ》です」

体は小さいが、名前はすでに決まっていた。ミニダックスの醸。次にきたのが黒ラブの吟。その次は、大。

三匹合わせて、大吟醸。

束の間の大吟醸

ダックスフントの醸《ジョウ》は、十三歳を過ぎたおじいさんだったが、この小さな珍客にすでに嫉妬心を掻き立てられている。

黒ラブの吟《ギン》は、意外に無関心。相手が猫だからだろう。

獣医さんに連れて行って必要なワクチンを接種し、ついでに猫エイズの検査をする。翌日電話がかかってきて、猫エイズの検査は陽性だと言われた。

発症しなければ問題はないがこれから気をつけるように、といろいろな説明を聞く。猫特有のものだから、人間やほかの動物が感染することはないが、発症すると免疫不全で重症化すると助からないらしい。

猫好きの母はもう四六時中抱っこしている。今さら不治の病があるからといって、放り出すわけにもいかない。

が、ミニダックスは機会さえあれば、猫をいじめようとする。弟犬がきたときと同様の空気が読みとれる。自分への愛情が削がれるかもしれないと、不安を抱いているのか。

猫に飼い主の愛情が移ってしまったと誤解されると困るので、ミニダックスには子猫の後見役を頼むことにした。

「醸くん、あなたは子猫がどこかへ行ってしまわないように、よーく見張ってちょうだい」

猫がどこにいるか知りたいときは、まずミニダックスに尋ねることにした。

「醸くん、猫の大《ダイ》ちゃんはどこ？」

すると犬はのそのそと猫が寝ているソファのところへ行って、人間の顔を見上げる。

まだ元気がなくて心配なので、ブルーベリーの畑作業をするときも、犬は当然ながら猫も一緒に連れて行った。

雑草が生い茂って、猫の姿が隠れてしまった。そんなときも、

「醸くん、大ちゃんはどこにいる？」

そう尋ねると、ダックスフントはブルーベリーの樹の根元に丸くなっている猫のところへ、ちゃんと私を連れて行った。

二週間ほどすると猫の大は体重も増え、子猫らしくいろいろなものにじゃれて遊ぶようになった。

ミニダックスのひらひらする尻尾は格好の玩具《おもちゃ》だ。移動するときは、歩くのではなく常に全速力で駆ける。ついでに近くに犬がいようものなら、遊び相手になってくれとタック

ルする。

疲れたときや寒いときは、ミニダックスのお腹に潜って眠るようになった。オスの老犬なのに、子猫の後見役をしっかり果たしている。母親代わりか乳母役か、いずれにしろ迷い迷ってたどり着いた子猫にとっては頼れる存在のようだ。

黒ラブはどうかというと、無関心を装いながら淡々と監視役を務めている。猫の大にとっては守護神のような存在となっている。

第一印象「おとなしい猫」は私のとんだ思い違いだった。

おとなしかったのはひもじかったから、あるいは栄養不足で元気が出なかったのが原因だったようだ。

体重の増加とともに、大は元気いっぱいになった。

あるとき、テレビ画面に羽ばたいて飛ぶ鳥の姿が映し出されると、大は目の色を変えて平たい画面に飛びついた。猫の本能が掻き立てられたのだろう。

そんな猫の様子を黒ラブは静かに見守っていたが、あるときから家族の一員として認めた証拠に、散歩から帰ってくると、出迎えた猫の顔をぺろりと舐めるようになった。

それから一か月ほどして、ミニダックスが黄泉の国へ旅立った。

大・吟・醸のトリオは短い間だったが、それぞれが命の交流をして、人間の生活に楽しさと喜びをもたらしてくれた。

初詣した猫

東京で暮らす夫の両親を、毎年盆暮れに二泊三日で訪ねることにしていた。

当然ながら犬も一緒に行った。二〇一〇年の暮れは、ミニダックスが虹の橋を渡ったあとだったので、黒ラブの吟《ギン》と猫の大《ダイ》の二匹を連れて行くことになった。

東京で暮らす義父と義母は、犬を飼ったことはあっても、猫を飼ったことがない。

猫にもいろいろな性格があるが、大はオスだからか警戒心はまったくなく、誰にでも抱かれるような人懐こい猫だった。

そのおかげでどこへでも連れて行くことができる。

平成二十三年（二〇一一年）の元旦、初詣は護国神社、鬼子母神、大鳥神社を巡る。猫の大にもリードを付けて、買い物用のカートに乗せて連れて行った。

さすがに拝殿の前では夫と交代で、一人が境内の入口で犬猫の番をして、もう一人がお賽銭を投げてお参りをする。

犬連れでお参りする人は珍しくないが、猫を連れてくる人は珍しい。猫のほうも都会の人の多さにちょっと戸惑いがち。

盆暮れに義父母を訪ねるのはここ何年かの年中行事なので、犬にとっては何も問題はない。ラブラドール・レトリーバーは土地勘もあるようで、車の後部座席で道中ずっと眠っていたのに、最後の坂を上り始めると、むっくり起き上がるのが常だった。

が、猫を連れて行くのは初めてなので、準備が大変だった。猫用トイレと砂を持ち、猫餌三日分を持って、万一に備えて小型のケイジも持って行った。

いろいろ心配した割には猫はすぐに家に慣れて、テレビの前のソファで丸くなった。好きなときに好きなことをする猫の態度に、それまで飼ったことのない義父は、「猫も面白いな」と感想を言う。

人間の生きる世界の中で、群れの長にしたがう習性で行動する犬よりも、自分中心にひょうひょうと生きる猫に、自立した一個の魂に触れたようで面白みを感じたらしい。

昼過ぎ、部屋の中をいくら探しても猫の姿がない。

居場所を教えてくれるミニダックスは、あの世へ行ってしまったし……どうせ「薄暗くて、狭くて、暖かいところ」を見つけて、潜りこんでいるのだろう。

と思ったら、何と仏壇の上にちゃっかり乗って、香箱座りをしている。

田舎と違って都会の暮らしはすべてがコンパクトにできている。東京の家の仏壇は、幅五〇センチ、高さ六〇センチほど。家具といえば家具の一つに違いないが、人間からすると、そのようなものの上に乗るだけで罰があたりそうだと考える。だが、猫にとっては静かで薄暗くて、木の材質が滑らかで座り心地がよかったに違いない。

これを傍若無人と考えるか、独立独歩の猫ならではのありようと考えるか。いずれにしても、初詣までした猫は大が最初で最後だった。

心霊現象

世の中には不思議な現象があるものだが、お化けの存在を信じているわけではない。が、実際に自分の身に起こってみると、理論的、理性的な説明ができないのだから、これはやはり信じるしかない。

私自身が特別霊感が強いとか、透視できる能力があるとか、死んだ人の姿が見えるわけではない。

祖母が亡くなったときのこと。お通夜のあと、奥座敷に寝かせられた遺体に手向けたお線香の火を絶やしてはいけないと、一人で奥座敷へ行ったときだった。お線香の煙がまっすぐに立ち上るのを見ていると、突然ぐらぐらっと畳が揺れ、坪庭に面したガラス戸がガタガタ大きな音を立てた。

キッチンで食事中の家族のもとに戻って、

「今、ものすごい地震があったね」というと、誰もがぽかんとして地震などなかったという。

私は子供の頃から祖母にかわいがられていた。

だからきっとあのぐらぐらガタガタは、祖母が天に昇っていく合図を私に残してくれたのではないかと思った。

犬好きの父が小脳梗塞で倒れてから、リハビリをしながらそれでも十年近く自宅で余生を送った。

病院で看取って、自宅へと戻ってきた。

あとは葬儀屋さんの言うままに、お通夜と葬儀を終えた。ようやく落ち着きをとり戻した日の夕方。日曜日でもあり、残された母と夫と私で早めの食事をしていた。

初夏なので日は暮れてもまだ十分に明るかった。食卓の近くには、黒ラブと猫の大《ダイ》もいた。

そこに、電話がかかってきた。

「裏の道をジョギングして通りかかったんですが、何か燃えてるんですけど」

火事か？

古い木造家屋などは火事にあったらひとたまりもない。

夫とともに裏手の現場へ走って行った。

食事中でもあり、Tシャツと半ズボンのような恰好で、それでも事務所から消火器をもって裏手へ向かう。

燃えていたのは、以前小川にかけてあった木製の橋のような部材だった。物置のスレート製の張り出し部分に立てかけてあった。消火器一本を使い切り、まだ火が消えないのでバケツで水をかける。

壁がスレートで囲われていたおかげで、建物は無事。ボヤ程度で済んだのだった。

火は消えたものの、それからあとのほうが大変だった。

不審火だからと、夫が一応一一九番をする。火は消し止めたと事情を話したのだが、五分もしないうちに大型の真っ赤な消防車がやってきた。黒こげになった木材と、まだ余熱を持った水蒸気が上がっている現場に、防護服を着た消防士らが詰めかけた。が、自分らが鎮火作業する必要がないと見ると緊迫感の失せた様子で、私と夫から話を聞く。

なぜこんな場所が燃えたのか？

タバコの吸い殻によるものなら、必ずフィルターやら燃えカスがあるはずだという。そんなものは見当たらない。

道路から四、五メートル離れているし、あたりは杉の樹と雑草が生えているだけ。昔から敷地の周りには、杉やサワラといった針葉樹が植えられている。昔の人は、家を建て替えたり修理する際に、柱の部材に使えるようにと必ず針葉樹を植えたという。防風林の役割も果たし、屋敷林とも呼ばれる。

人けもなければ、火の気もないところで、火の手が上がる。まさに不審火。

枯れ落ちた杉の葉は焚き付けには最適である。火が付くとぱちぱちと音がして、勢いよく燃え上がる。誰かがあたりの葉っぱを集めて、面白半分に火を付けたのか。

そこへ、パトカーがやってきて、今度は警察官から事情を聴きたいと言われる。

消防車は御用済みとなって、引き上げていった。

事件性がありそうなので、状況報告書を出さなくてはならない、と警察官は言う。

経緯をまた初めから詳しく話す。警察官というより刑事は、それをいちいち文章にして、それもずいぶんへたくそな（失礼、単なる私の印象）言い回しの文章を、少し癖のある字で紙に鉛筆で書いていく。

まるで小学生の作文のような報告書に付き合わされ、時計を見るともう十一時を回っている。話は録音でもして、あとで警察署に帰ってから文言に落とし込めばいいのに、と私はわざと大きなため息をついた。

「この近所で、不良少年とか、あやしい人物とか、いないですかね」

田舎の、昔からの付き合いの人ばかりが住む地区では、みんな顔見知りばかり。それでも最近は宅地開発が進んで、たまに若い世代が引っ越してきたりする。とはいえ、のんびりとした田園風景が広がる地区なので、不審者などいたら近所ですぐに話題になる。

「思い当たることはありません」

結局、その後一週間ほどかけて、刑事はあちらこちら尋ね回ったらしい。が、手がかりらしき事物、ヒントになりそうなものは、何も出てこなかった。


ずっとこのボヤのことが頭から離れなかった。

誰かが遊び半分で火を付けたとしても、何も得るものもないので、犯人らしき人物もわからない。ただ、何らかの警告をされている気がしてならない。

「気をつけろ、何が起こるかわからない世の中だ」

一体誰が警告を発しているのだろう。

胸のあたりが重い。消化の悪いものを無理やり詰め込まれたような、胃袋が鉛を抱え込んでいるような、気分だけでなく体まで重苦しい。

それでも仕事はしなくてはならない。

明治の古い建物を観光客に開放しているので、その日も見学予約が入っていた。

鍵のかかった母屋の玄関を開ける。重たい玄関の扉をずずっと押し開けた途端、コンクリートの床に何かが落ちる音がした。

見ると、父の名前の書かれた表札だった。

深緑色した石板に名前が彫られている。大きな木戸の扉の上に付けられていたもので、今まで何百回となく木戸を開け閉めしても何ともなかったのに、今このときに、私の足元に転がっている。

私はそれでようやく納得がいった。

死んだ父がどういうわけか、近くから見守ってくれている。それを私に何とかして、知らせたかったのではないか。

落下した際に、表札の角が少し欠けた。

その欠けた表札は、今も大事にとってある。

不審火ももしかしたら、父の仕業なのかもしれない。そんなことを話しても、だれも信じようとしないし、証明できるものではない。

四十九日を過ぎ、納骨を済ませ、仏壇にお参りをする。

「お父さん、見守ってくれていることは、よくわかりました。安心して、何とか頑張ってやっていくから。お母さんの面倒はまかせて。吟《ギン》ちゃんはお父さんのベッドをもらって、いつもどおり寝ているからね」

鬼の霍乱《かくらん》

咳が止まらない。

熱が三十八度以上、市販の風邪薬と解熱剤を飲む。いったんは三十七度まで下がるが、翌日にはまた三十九度近くまで熱が出た。

市販の薬だけでは手に負えないと判断して、医者にかかった。

「肺炎ですね。レントゲン写真を見ると、半分ほど白い影がある」

十月の初旬のことだった。
二、三日寝ていれば治るだろうと高をくくっていた。

秋を迎えて、仕事は忙しくなる時節。観光シーズンで人も物も動く季節であり、また冬の酒造りに向けて、原料米の手配もしないといけない。とても休んでなどいられない。

そう答えると、医者が「入院したほうが治りが早いと思いますよ」と言う。

結局、入院することに気持ちを固めて、紹介状を書いてもらった。家にいったん帰り、必要と思われるものを紙袋とカバンに詰め、六月まで父が入院していた病院へ向かった。

今まで入院などしたことがなかった。まさに鬼の霍乱《かくらん》。

夫の車で病院に到着したはいいが、病室が空くまでしばらく待つようにと言われて、仮の処置室のような硬いベッドに寝かされて待つこと二時間。ようやく六人部屋に入院できた。

その夜は土曜日でもあり、とりあえずベッドに横になる。

解熱剤は飲んでいるが、熱が下がらずに、夜の間は慣れないベッドでうつらうつらしただけ。びっしょりと汗をかいて、まるでプールにでも浸かっているような感触だった。少しでも汗を吸収するように、バスタオルを体の下に敷く。

朝方、検温にきた看護婦さんに病衣の着替えを頼む。汗でよれよれの病衣を着替えると、少し気分がよくなった。

月曜日には本格的な医師の診察もあり、肺炎球菌の薬も飲まされ、ひたすら眠る。

熱が下がりだしたのは入院から四日目だった。酸素飽和度はいまだに九〇を切る低い数値なので、鼻に酸素のチューブは装着したまま。八日目ぐらいで、ようやく熱が平熱に落ち着いた。

三六五日のうち、三五〇日は休みなく働いてきたせいで、これはたまには休めという天の声だろうと思い、養生に徹する。

とはいえ、例年この時期に原料米調達のため銀行と交渉をすることになっており、必要な書類を作成する必要がある。

通常の業務は社員がいてくれれば、何とか回っていくものの、中小企業はまさに経営者が主軸で回っている機械。しばらくの間は大丈夫でも、あまり長期間にわたると機械の調子も狂ってくる。

父の世話や看病疲れが出たのだろう、と夫や周囲の人は言った。私としてはそんなに負担に感じたことはなかった。が、どこかで無理が積み重なっていたのかもしれない。

しかし、ビジネスは待ってはくれない。

入院したことは社外には内密にしておいたせいで、携帯電話に銀行の担当者から電話がかかってきた。そろそろ例年の書類を出してほしいという。

パソコンは家から持ってきていたので、昼食が終わると、ベッドの上でパソコンを広げデータをまとめる。出荷高、売上高の数字と前年対比。

高付加価値商品の伸びが低廉商品よりよいとか、今後の売れ筋への考察だの、観光客の入込状況が好調な現状など、書面の上で「絵にかいた餅」を形作る。

製造計画により、原料米の必要量、およそのトン数と玄米の俵数を算出し、それに対する組合への予納金はこれぐらいと数字をまとめて、ようやく書類作成完了。

だが、書類のデータは作成できてもそれをプリントアウトできないので、半日の外出許可をとった。プリントアウトした書類を銀行の担当者へ提出し、さまざまな手配を済ませる。病院へ帰る前に、着替えを補充しようと家に寄った。

玄関に入ったとたん、猫の大《ダイ》が駆け寄ってきた。

「にゃあ〜〜」

漫画でいうなら、この「に」と「あ」には濁点が付いている場面。

声の調子はかなり激しい。力がこもっている。眼力も鋭く、私の顔を睨みつけている。

人間の言葉に翻訳すれば、「ここ何日も、どこ行ってたんだよ〜」

ごめんごめんと、猫を抱き寄せ、しばらく大ちゃんとの再会を楽しんだ。

猫の大にしてみれば、急に人間が一人いなくなって心配していたのだ。心配も度を過ぎると、自分を置いてきぼりにしてどこへ行ったのか、という怒りに変わる。

夫と母が二人で食卓を囲んでいるのを見て、犬と猫は何を考えたのか。群れで暮らしていると考えれば、数が足りなくなるにはそれなりの事象があってしかるべき。父が亡くなったとき、病院から下がってきた遺体が寝かされた布団に、大は丸くなって寝た。

人間を自分の家族だと思っているのは、猫や犬のほうなのだ。

ごはんをねだることで、人間の愛情や暮らしぶりをチェックしている。一緒に寝ることで、人間の寝息を確かめ、自分の体温を提供し、明日も快適に目が覚めるだろうと、確認しているのかもしれない。

二週間して退院してくると、猫の大は必ず私の顔に背中を押し付けて、丸くなって寝るようになった。私の頬には常に猫の柔らかな毛が触れている。

猫がいる風景

日常生活の中に猫がいるだけで、気持ちがふわっと安らぐ。

大《ダイ》はもともと人懐こい猫だったが、何かにつけて私にくっ付いていたがった。

仕事をしている事務所にも時々顔を出して、ついでに机の上にまで乗ってきて仕事の邪魔をする。

しばらくはこちらのすることを黙って見ているが、かまってくれないと見るや、手近にあったボールペンや消しゴムなどにじゃれるふりをして、机の下へ落下させる。かと思うと、作成中の書類の上にどっかりと乗ってくる。用もないのにキーボードの上を歩く。そのせいで画面には意味のない文字列が、ダダダーッと現れる。

仕事をさせまいとしているのではなく、ちょっとでいいから僕と遊んでくれ、と言いたいのだろう。

私が入院してちょうど一年後の十月に、猫の大の具合が悪くなって、T動物病院に入院することになった。

黄疸症状がでているし、虫歯で歯がぼろぼろだという。三日間点滴やら抜歯やらの治療をしてもらう。猫エイズが発症したかと気をもんだが、その心配はなかった。

猫の入院中、家の中の空気が少し冷たかった。

四日後に退院して我が家に戻ってくると、大は生活をともにする犬にぺろぺろ顔を舐められた。

猫がいるだけで、家の中の温度が一、二度上がった気がする。

大は無事我が家に戻ってきたのを実感したようで、病気などしなかったかのように、定位置のソファでくつろいだ。

人間が猫の気持ちを読みとれるように、猫も人間の言いたいことはよくわかるようだ。言葉さえも、十分に理解している節がある。

値は張ったが民芸品の猫つぐらを買った。二万円もしたのだ。手作りだからそれぐらいしても仕方がないのだろうが、大は屋根の上に乗ってちょっと爪を研ぐ真似をするぐらいで、お気に入りのソファで寝ることが多かった。

大きくて邪魔になってきたので、知り合いの猫好きにあげようかと思った。

「大ちゃん、ちっとも中に入ってくれないから、これは友達にあげちゃうわね」

そう言ったとたんに、大は猫つぐらの中に入って丸くなった。

こちらは目が点になる気分だった。大は言葉を理解している。

犬が、さんざん遊んだ玩具をそこらへんにほったらかしにするくせに、別の犬がそれで遊ぼうとすると、急に惜しくなって奪い返す場面が何度もあった。それと同じである。

「だれかにあげちゃうのは、だめ。これは僕が使うから、とっておいて」

そうメッセージを伝えてくる大は、じつは賢い猫なのだった。

夏の間はブルーベリー畑の世話に追われた。畑の一角に、ズッキーニを植えてみた。ほんの五本ぐらい。三百本のブルーベリーの樹に比べればちょっとした遊びのようなものである。

それでも何本か収穫して、食卓を潤す役に立った。

ブルーベリーの収穫が終わったとたん、畑へ出向く回数が減る。

ズッキーニのこともすっかり忘れていたものの、残暑も終わる頃、久しぶりに畑に行ってみてびっくり仰天した。

収穫し忘れたズッキーニがお化けのように大きくなって、地面に転がっているではないか。大きさがわかるようにと、猫の大の隣に置いて写真を撮る。

そんな役をさせられて、大は不満げな顔で写真に納まった。

黒ラブの弟犬で、白いウィペットがきたときは、意外にも大は平気で受け止めた。

子犬は猫を遊び友達と思ったようだ。短毛なせいもあり寒がりなので、大にくっついて寝るのが習慣になった。

あるとき、犬のケイジの中で、猫の大と子犬が互いに寄り添うように眠っているのを発見した。

大はどんな人間も、どんな動物も受け入れる、気持ちがおおらかな猫なのだ。

雑誌の取材

突然メールがきた。

『猫びより』（辰巳出版）という雑誌の記者からで、ぜひ酒蔵《さかぐら》で飼われている猫を取材したいという。

確かに酒蔵には昔から猫が飼われていた。

イギリスのウィスキーの蒸留所などでは、原料の小麦などを食すネズミを追い払う目的で猫が飼われていて、それを“Whiskey Cat”ウイスキー・キャットと称する。

日本酒は米を原料とするので、当然晩秋から初冬にかけて精米した米が搬入され、一冬《ひと》かけて仕込みをする。その米の番人として猫が飼われていた。

酒蔵だから、酒猫か、蔵猫か、いずれにしてもネズミを追い払うには猫が一番だった。

昔から我が家でメス猫しか飼わない理由は、メス猫のほうがよくネズミを捕るからだ。もちろんオス猫も捕らないわけではないが、発情するとあちこちに臭い付けをしたり、メス猫を追いかけて一か月ぐらい家に寄り付かない猫もいる。

オス猫の大《ダイ》ちゃんは、我が家の歴代の猫からすると、変わり種になる。

さて、雑誌の取材でやってきたのは、記事を書く担当のSさんと、写真撮影担当のカメラマンYさんだった。

一人はスカート、一人はパンツ姿で、ごく普通のお嬢さんが二人、気軽な旅をしているといった風情である。彼女たちは特急列車とローカル線の電車を乗り継いでやってきた。

さっそく記者が聞きとり開始。酒蔵における猫の重要な役割を話しつつ、

「でも大ちゃんは、オスだからあまりネズミは捕らないけれどね」と答える（大の名誉のために言っておくと、実際にネズミをとってきたことが三回あった）。

カメラマンはカメラを用意し、背景に使えそうなスポットをチェック。

そこで、大ちゃん登場。見知らぬ人にものおじする猫ではないが、少し照れ気味。さすがに慣れている二人は、持参してきた猫じゃらしで猫の好奇心をくすぐる。

大黒柱や囲炉裏、箱階段など、いかにも古い家を象徴するものがたくさんあって、カメラマンはあらゆる場所でシャッターを押す。さすがプロだと思ったのはジーンズをはいていること。どこでも膝をついたり寝転がったり、カメラのアングルを縦横無尽に活用する。

そろそろ飽きてきた猫が、逃げようとガラス戸に爪をかけてこじ開けようとする。すかさずそこがかわいいと、シャッターを切る。

階段の上を見上げて、二階へ逃げようかなと考えていると、そこもすかさず「カシャ」

とシャッター。

ではちょっと抱っこしてください、と私の膝に抱かれた大。もう疲れたから、解放してよ、と言うように私を見上げる。そこでもまたシャッター。

結局撮影が終わったのは昼過ぎ。午後の一時三十分には団体の見学予約が入っていた。仕事を終えた彼女たちは、早々に立ち去るものと思っていたら、

「私たちにはかまわず、どうぞ仕事を優先してください」と言う。

見学の案内が終わって、さあ試飲コーナーへとお客さまを誘導する。すると団体客に交じって、SさんとYさんもいろいろと試飲をしている。というか、試飲しまくっている。

「これが楽しみで、来たんですよ」と、彼女たちは気軽に本音をさらした。

が、飲みっぷりも、そのあとの買いっぷりもなかなかのもので、特急列車に乗り遅れないかと、ちょっと心配もした。

掲載雑誌のゲラが送られてきて、まず驚いたのが大の写真だった。

元はと言えばよれよれの迷い猫、特別ハンサムでもなくどこにでもいそうな和猫。それが、何と凛々しく写っているのだろう。さすがプロのカメラマンと感動と感激で、記事を何度も読み返した。

掲載されたのは二〇一四年七月号の特集記事、「働く猫」。何とあの有名な「たま駅長」

と同列に、立派に掲載されていた。

今まで我が家で飼われた猫で、こんな日の目を見た猫は大が初めて。存在価値がぐんと上がって、しばらくはヒーローとして、自慢の種となった。

虫の知らせ

夫の両親が高齢になり、二人だけの暮らしもままならなくなった。八十代も後半になると、買い物に行くだけでも大変になる。

そこで私たちが住んでいる地域で老人施設を探して、二人で入所する手続きをとった。二人一緒とはいえ、義母の希望で同じフロアーでも別々の部屋で気ままに暮らすこととなった。

おかげで私たちも二、三日に一度は顔を見に行くことができるし、外出も自由なので、ひと月に一度は一緒に美味しいものを食べに出かけることができた。

ラブラドール・レトリーバーの弟犬のウィペットが来たときは、施設の入口まで連れて行って、外で対面した。

犬好きの義母は犬を気に入った。義父は猫は元気かと聞いた。

三年を過ぎた頃、夏の暑さが厳しくなってくると、義母の体力が衰え、食が細くなった。もともとやせていたのがさらに細くなり、体重も三十キロを切った。食べるのも一口二口だけでもういらないという。

育ち盛りの若いときには、第二次世界大戦で食糧難にあい、栄養失調にもなった経験がある。B29の空襲をかいくぐりながら、明日をも知れない命からがらの生活を経験したこともある。

検査したり入院もして療養もしたが、若い頃に結核を患った肺は縮み切って、二酸化炭素を排出することが難しくなっていた。以前検査したときも、肺活量を測る機械の針がほとんど動かなかった。

今になって思えば、死の影を感じとっていた節がある。

「怖い怖い、ほらそこに大きな穴が開いている。引きずり込まれそうで、怖い」

そんなことを何回か言った。大丈夫、ここはいつもの部屋の中だから、穴なんか開いてないですよ。そう言っても、納得したふうがない。

お盆も近づいたので、私は先祖の墓掃除に出かけた。墓の周りに雑草が生い茂り、蔓植物が絡まり合っている。汗を流しながら雑草を刈る。引っこ抜いたり、鎌で刈ったり、一時間ほどの作業が続く。

その間、私の胸のうちには、何ともイヤーな気持ちが広がっていった。胸騒ぎというか、気持ちが落ち着かない。誰かが後ろから必死で呼んでいるような、振り向いても何かあるわけではないが、気になって仕方がない。

「虫の知らせ」というが、まさか義母の身に何かが起こっていなければよいけれど……。急いで家に帰りシャワーで汗を流し、義母のいる施設を訪ねる。義母はいつもどおりの体調ながら、顔を見るとにっこりした。

「今年の夏は、とりわけ暑いね。夏バテしないように、気をつけて」

自分のことより、嫁の私の身を案じてくれるやさしい義母だった。が、夕方家に帰ると、とんでもない悲劇が起こっていた。

母が真っ赤に泣きはらした目をしている。

「どうしたの?」

「大ちゃんが……」

虫の知らせは、大からのメッセージだった。

悲劇

誰よりも猫好きの母は、この事故のせいで、三か月ほど泣き続けるほどショックを受けた。

飼い猫の死は、ある程度寿命になれば仕方のないこととして受け入れており、何匹も見送ってきた経験はある。

が、その死の引き金を自分が引いてしまったとあっては、後悔先に立たず。事故とはいえ、自分のせいで猫を死なせてしまったと母は自分を責め続けた。

猫エイズを持っていたから、所詮長くは生きられなかったかもしれないよ。歯もボロボロで、口からよだれが垂れて赤く毛並みが汚れていたから、ある意味で余命もあまりなかったかもしれない。

いろいろ慰めてはみても、母の自責の念を軽くすることはできなかった。

事故はなぜ起こったのか。

まず、猫は「薄暗くて、狭くて、暖かなところ」が好き。

大《ダイ》はあまり具合がよくなかったのだろう。そこで、薄暗く、狭い空間で、ほんのり暖かい場所で、静かに丸くなりたかった。

ちょうど洗濯機のドアが開いていたので、ひょいと中へ乗り込んで、狭くて薄暗い中に丸くなった。ドラム式の横開きのドア。

狭い洗濯室で、洗濯機の扉は窓とは反対向き。よくよくのぞいてみなければ、中に洗濯物のほかに何が入っているかはわからない。

母はいつもどおり汚れ物を入れて、ドアを閉め、洗濯機のスイッチを入れた。

終わった頃合いをみて、洗濯機の扉を開いて、ぎょっとした。

なんと、回転ドラムの中に、大ちゃんが横たわっていた。

母は瞬間凍り付いて、なぜここに猫がいるのかを考えた。

スイッチを押したのは誰あろう自分である。背筋が寒くなった。

猫は閉じられた洗濯機の中で、さんざん泣き叫んだのだろうか。近頃耳が遠くなって、テレビの音が大き過ぎると家族から苦情を言われることが多くなった。

まさか、そんなところに猫がいるとは……。

かわいがっていた猫を、私が殺してしまった。そう思った瞬間から、居間のソファにどう戻ってきたか、母は覚えがないという。

涙ながらに母が洗濯機を指さすので、私が扉を開けると、動かない大の体があった。

汚れがちな口元は、真っ白な毛できれいになっている。背中の黒い毛も艶々としている。が、命の火がともっていないことは歴然としている。

一人暮らしの遠縁のおばあさんが、お風呂に入って倒れたまま湯船に浮いているのを発見されたことがあった。義母は、人に迷惑かけないように、自分で湯灌《ゆかん》を済ませて逝ったんだ、と言った。

まさに、大ちゃんは、体をきれいにして旅立ったのだった。

お墓の掃除から帰った私が洗濯機をのぞけば、まだ間に合ったのか。もっと前に、洗濯機の中に入ってはいけないと、ちゃんと教えておくべきだったのか。いくら後悔したところで、猫は生き返らない。

必死にテレパシーを送っていたのか、虫の知らせが何なのか気づかなくてごめんね。ほんとうにごめんね。

お義母《かあ》さんの身代わりになってくれたのね。あるいはこれが運命だったのかしら。

猫の大が六歳と十か月で虹の橋を渡っていったのが、八月。

義母は、夏の暑さは何とか乗り越えたものの、十月初旬に他界した。

がっくりと力を落としたのか、義父があとを追うように、十二月にあの世へ旅立った。

そして、ラブラドール・レトリーバーが虹の橋を渡ったのが、翌年の二月。

偶数月になるたびに、命の火が一つ、また一つと絶えていく。

私と夫は最善の注意と警戒心をもって、四月を迎えた。自分たちの身に何か起こらないように健康に留意し、残された母の健康をチェックした。

四月になると、十四年乗っていた夫の愛車が修理不能になって廃車となった。

命が絶たれる連鎖はこれで止まった。

どんなに猫が好きでも、我が家ではもう猫が飼えなくなった。

大ちゃんの思い出がある限り、不遇の最期を迎えた猫を思うと、これ以上の悲しみを繰り返したくない。

おかげで今はよくできた陶製の猫の置物が、庭に二匹と、室内に五匹いる。それぞれは動かないながらも、瞳をきらきらさせて猫の愛らしさを訴えかけてくる。

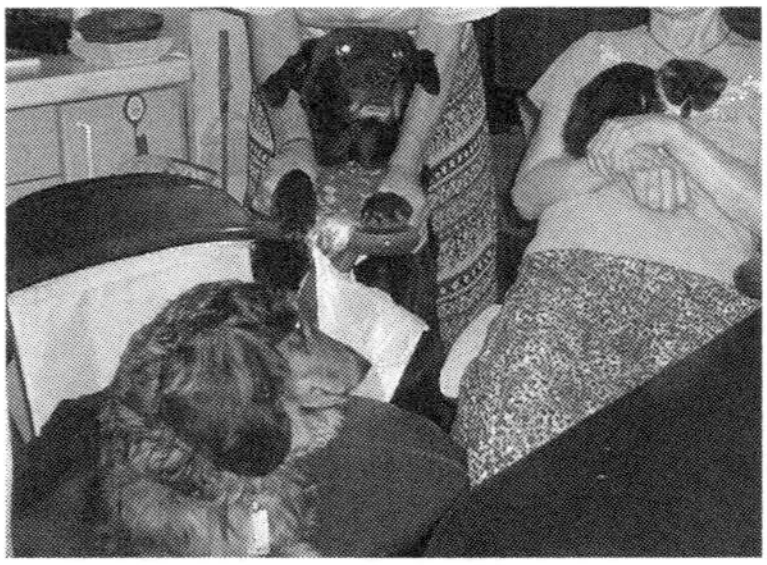

束の間の大吟醸

仕事の邪魔をするのは大得意

猫つぐら、ぼくのだよ

お化けズッキーニ採れた

雑誌に載った凛々しい姿　『猫びより』（辰巳出版）より

一緒に寝ようね、犬とも仲良し

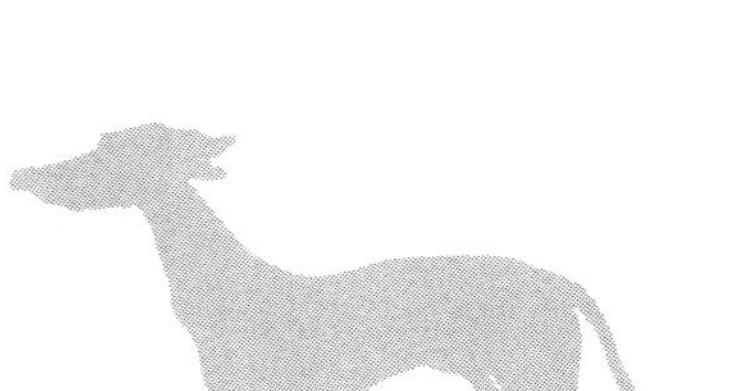

第四走者

米

ウィペット

平成二十七年〜令和四年

出会い

広島のブリーダーから、ウィペットをもらい受けることにした。インターネットを介しての子犬探し。まさか広島までもらい受けに行くのは大変だし、そんな時間も余裕もない。

すると、ブリーダーが千葉県で開催されるドッグショーに出るという。その帰りに我が家にウィペットを届けてくれることになった。陸送代二万五千円。広島へ行くよりずっと安い。

四月の第一日曜日に、ウィペットの米《マイ》がやってきた。

一緒に生まれた兄弟たちはみなグレーやブラウンの毛色で、中には虎模様の子犬もいる。が、その中で、一匹だけ白色ベースのウィペットがいた。何しろ名前は米《マイ》とずっと以前から決まっているから、お米のように白い犬でなくてはならない。

というよりも、インターネットで画像を一目見てしまったあとは、もうほかには選択の余地がなくなっていた。ペットもインターネットで探して買い求めるとは、時代も変わったものだ。昔は近所で子犬が産まれたからとか、近くのペットショップに見に行くとか、とにかく生き物だから、現物を触って顔をしっかり確かめてから買ったものである。

待ちわびていると、中型バスのような大きな車がやってきた。

中には、チャンピオン犬の父親「海老蔵」や、ほかの兄弟が四匹、ドッグショーに出たアフガンハウンドも乗っていた。

ブリーダーはとりあえずさっと囲いを設置し、そこに子犬を出してやる。それぞれの犬に水をやり、一匹ずつ排泄に連れて回る。

犬を連れてのドライブは大変なのだ、とつくづく感心した。

「はい、こちらが、マイちゃんですよ」

白い子犬が、私の差し出す両手に乗せられた。

こわごわと体重移動をして、私の手の中に納まった子犬。その白い子犬は、私の手に乗せられたとたん、ちょぼちょぼちょぼっと、オシッコを漏らした。

それが米との最初の出会いだった。

先住犬の黒ラブが子犬をどう受け入れるのか、それが見ものだった。

黒ラブがもらわれてきたときは、先住犬のミニダックスに三日三晩いじめられた。縄張りをとられまいと牽制するミニダックス、母親から離れたばかりの幼い黒ラブ。どれほど心細い思いをしたことだろう。

その気持ちを記憶していれば、きっと今度きた子犬にはやさしく接するだろう、と人間は考えた。

ところが、そうは問屋が卸さなかった。

子犬のほうは温もりを求めてか、単なる好奇心からか、黒ラブについて回る。あるいは遊ぼうと突っかかっていく。が、黒ラブはいかにも「うるさいやつだなあ」と言わんばかりにすっと場所を変える。それでも子犬があとを追うと、最後はしつこさに辟易したように、鼻じわをよせてウウッと唸った。

黒ラブも十三歳ともなれば、際限なくボールを追いかけて遊ぶ元気はない。相変わらず散歩は大好きで、夫と朝早く連れ立って歩く。長いときは二時間近くも歩いてくる。

ウィペットの米の散歩デビューの日がやってきた。

四月とはいえ早朝はまだ肌寒い。

いつも散歩は夫と黒ラブだけだったのが、米がきたからには私も一緒に行かざるを得ない状況になった。

「二匹も一緒に連れては歩けない」と夫は言った。夫には裏の目的があった。

だぶついた私のウエスト回りと夜更かしの習慣を、何とか改善させなければと思ったようだ。

まだ眠い目をこすりながら、散歩用のズボンをはき、暖かなジャンパーをはおる。

毎度のことながら黒ラブは大喜びで先立って歩く。

米は兄犬のあとを、おっかなびっくりついていく。地方の国道や県道は歩道が狭い。車が追い越すたびに、米は足がすくんでしまって歩かなくなった。

生後三か月で慣れない家に移り住み、先住犬の意地悪な洗礼を受け、さらに寒いのに朝早くから散歩をする。

「ボクは、何てところにきちゃったのだろう」

きっとウィペットの米は、我が身の運命を嘆いたに違いない。

ウィペットを飼ったのは初めてのことだった。私たちは当然犬という動物の習性はほぼわかっているつもりでいた。ビーグル犬、ダックスフント、そしてラブラドール・レトリーバー。それ以前にも、子供の頃から犬が身近にいた。

あとになってわかったが、ウィペットはものすごい寒がり屋だった。

イギリス原産だから寒さは平気だろう、と私は勝手に思い込んでいたのだ。黒ラブは、剛毛な外毛の下に細く柔らかな下毛があって、季節の変わり目にはブラシをかけてやるとたっぷり毛が抜けた。が、ウィペットは二、三センチの毛が、抜けては生え変わる程度で、常にぴったり張り付いている。

とりあえず最初の二、三日は、通過する車の音や吹き付ける風に怯《ひる》み、四月の早朝の肌寒さに震えながらも、何とか人間の散歩に付き合った。

以前ダックスフントが着ていた赤いベストを着せてやると、ようやく弾むような足取りで元気に歩くようになった。

それでも、風が強い日や小雨が降る日は、もうこの世はおしまいだ、とでも言いたそうな顔をして、体をぶるぶる震わせる。脚が長いので震える振幅も大きく、人間を下から上目遣いに見て、「どうしても行かなきゃ、だめ?」と、問いかけてくる。

米にとって、おそらく一番気持ちが落ち着いてほっこりできたのは、猫の存在だったろう。

元来猫は寒がりだから、猫にとっても都合よかったらしく、犬用のケイジの中で抱き合うようにして二匹で寝るときもあった。

米はソファに丸くなって顔だけ腕かけに乗せて、人間の様子を見ていることが多かった。お腹がいっぱいになって、暖かい場所にいられることが最高の幸せのようだった。

そこへ猫が身を寄せるように寝る。どうやら仲間意識が芽生えたようで、二匹は一緒にいることが多くなった。寒がりの米にとっては願ったり叶ったり。猫と一緒にいるだけで、気分はほのぼの、体はぬくぬく。

ウィペットの米は、夏の暑さには強かった。かんかんと太陽が照りつけるアスファルトやコンクリートの上に、べったりと横になって気持ちよさそうに寝る。

「そんなところに寝そべっていると、干物になっちゃうわよ」

ただでさえスリムな体は、肋骨や脊髄の形が皮一枚隔てて如実に見てとれる。いくら食べても、ぜい肉が付かない体質のようだ。

何とうらやましい体質なのだろう。

ウエスト回りにぽっこりぜい肉が寄り集まってしまった我が体形を改善するには、やはりせっせと筋トレやらヨガやら、体脂肪を落とす運動をするしかない。あるいは、大好きなごはんやスイーツといった糖質を我慢するか。

ダイエットなどは三日坊主に終わるのが見え見えだが、犬と散歩をすることなら、私にも楽に長く続けられそうだ。

ブルーベリー畑

春から夏にかけては、ブルーベリー畑の世話に追われて、米《マイ》は畑の一角に繋がれていることが多くなった。

米が畑に繋がれている姿は、新種のヤギのように見えた。細く長い脚といい、白い体といい、頭部は三角形に近い。首が意外に長く、首長竜と呼んでやろうか。顎が張っていないので、普通の首輪では強く引っ張ると、するりと抜けてしまう。

特注の首輪をすることになった。ブリーダーが勧めるところに発注する。幅広い革のベルトに鎖の輪が付いていて、引っ張ると鎖が首を締め上げる形になる。いわゆるチョーク型。

無駄吠えする犬などにはかなり有効な首輪らしいが、ウィペットにとっては首輪がとれないための細工。民族調の柄の付いた首輪をしていると、何とも優雅な印象を与える。

ブルーベリーに生きがいを見出した人の講演を聴いて、酒蔵の裏にある田んぼにブルーベリーを植えようと思ったのが十年ほど前。今ではすっかり大きく育って、摘みとる量も年々増えていた。

清酒ベースのブルーベリー・リキュールの製造も順調に数量を伸ばしている。

ブルーベリーは病害虫が少ないので、薬剤などで消毒する必要がない。しいて言えば、黄金虫の幼虫はブルーベリーのひげ根をむしゃむしゃ食べてしまうので、夏場は黄金虫退治には気を遣った。

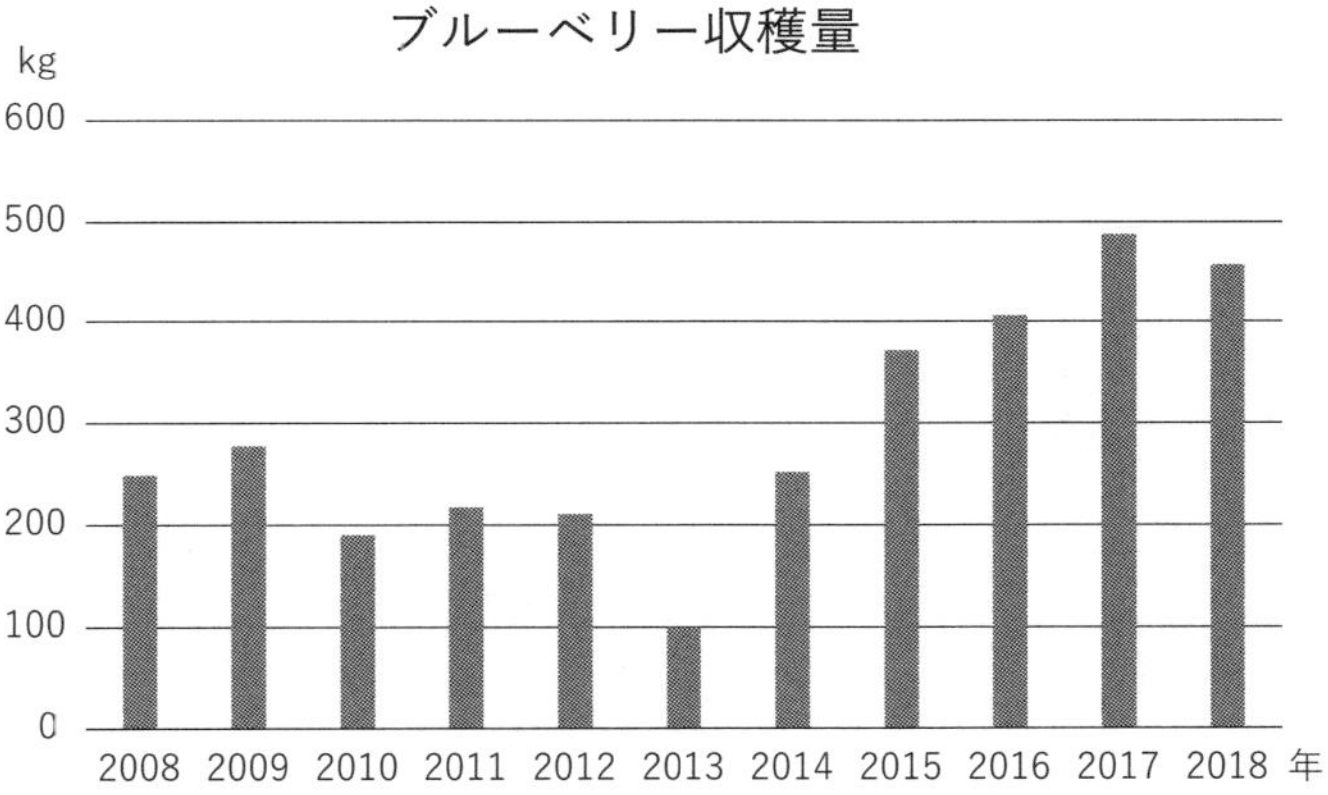

ある年の収穫が前年の七割にまで落ち込んだことがあった。それはカミキリムシと黄金虫が大量発生した年だった（二〇一〇年）。

ペットボトルの口を下にあてがうと、黄金虫は死んだふりをしてポロリと落下する。それを上手にボトルに受け止める。気温がまだ上がらない早朝ほど、面白いようにぽろぽろ捕獲できた。

しかし実が色づき始める六月下旬から摘み終わる八月下旬までは、何と言っても鳥の被害が大きい。対抗手段は防鳥ネットを張るしかない。

十年間の収穫量をグラフにすると、図のとおり。二〇一二年の秋、台風による大風で、収穫の終わった畑のネットが飛ばされた。早めに畳んでおくべきであったが、強風にあおられてネットはびりびりと破れてしまった。

ネットは一枚に編み上げたもので、伸び縮みする優れたものだった。山梨県のM社製で、ブドウ畑などにも鳥よけとして張るもの。編み上げたものだけに柔軟に形を変えられるし、真四角ではない畑でも融通が利く。三百本ほどの苗木を植えた畑を一枚でこたつ掛けのように覆う。

編み上げられたネットの弱点は、大きな力がかかると亀裂が走るようにほつれてしまうこと。大風にあおられた際に、ところどころ結束バンドで杭や横張りに留めてあった部分からずたずたに裂けてしまった。

翌年の二〇一三年は、ネットなしで過ごすことにした。すると、何と収穫量が前年の半分以下に落ち込んだ。鳥の仕業がかなり影響を及ぼしたことになる。苦肉の策で、鳥の感覚を狂わすという磁石を吊るし、カラスが寄り付かないという黄色の太いリボンを張ってみたが、効果はほとんどなかった。

平成二十六年（二〇一四年）には新たにネットを発注した。今度は地元のA社に依頼して、黒く細いネットを何枚か繋ぎ合わせて覆い尽くす。編み物ではないので、ストッキングが伝線するようにほころびることもない。

防鳥ネットのおかげでその年の収穫は、前年の二・五倍、二五三キログラムに回復した。ネットも地面に近いところは念入りに止めておかないと、小動物や鳥が潜り込んでくる。ある朝、ネットの中を二羽のムクドリが飛び回っていた。隙間から入り込んだらしい。

鳥はブルーベリーの実を食べるだけでなく、意味もなく突いて落としてしまう。さあ大変と、追い出そうとするが、人間がとても追いつけるものではない。

ネットの中では犬たちを自由に走り回らせることができるので、ベテランの黒ラブとウィペットの米に、鳥退治を頼むことにした。

二匹とも目の色を変えてムクドリを追いかけた。鳥も必死で逃げる。犬たちも面白い獲物が見つかったとばかりに、吠えながら走り回る。三十分ほどのうちに疲れ果てた鳥を追い詰めて捕獲した。

疲れ果てたのはムクドリだけでなく、犬たちもハアハアと激しく息をしている。が、目はらんらんと輝いて、久しぶりに楽しい遊びをしたと大満足な顔。広い畑を走り回ることができて、犬にとっても十分な運動となった。

「お疲れさま、よく頑張ったね」

最盛期、七月は毎日または一日おきに早朝五時から十時ぐらいまで摘みとりをする。

昔は、そう昭和の時代は、真夏でもエアコンなどなく、扇風機だけで過ごしていた。夜は網戸にして窓を開けて寝れば、十分に夜風が通り抜け、明け方は肌寒さまで覚えたものだ。それがここ十年ぐらいだろうか、エアコンなしでは夏の夜は寝苦しくて眠れない。

日中の気温も三十五度などは珍しくない。朝七時にもう三十度近い気温になり、太陽がこうこうと照りつける。

地球温暖化などと言われだす以前から、じつは農家が（あるいは海辺であれば漁師が）一番気候の変化を実感していたのではないかと思う。植物は気候を敏感に感じとって、繁茂するも枯れ落ちるも、すべては天候次第。魚や貝ならば、海水温が生息に影響する。

ブルーベリーを一粒一粒手摘みする作業は、単純なだけに没頭できた。手を動かしながら頭の中にはさまざまな思考が展開する。人間の不平不満を聞いてストレスを溜めるよりも、植物と向き合っているときは無の境地に近づくことができる。

摘みとり作業は、いつも犬たちに催促されて終わる。太陽が照りつけて暑いのと、「腹が減った」という欲求の声である。

帰り支度をするときの犬たちの喜びようは笑いを誘う。人間もこんなにうれしい気持ちを身体や態度で表現できたら、どんなにか嘘のない暮らしができるのに。

特に米は、家に帰ってごはんがもらえると思ったとたんに、脱兎のごとく縦横無尽に駆け巡った。家へ帰るだけなのでリードを外してやる。まさに全速力で家へと駆けていく。車好きの若者が、新車のスポーツカーで思いっ切りアクセルを踏んでみたと言わんばかりに、全力疾走を試みる。一日に一度はそれをしないと体が鈍《なま》ってしまうとでも言いたそうだ。運動神経抜群、心は何とも無垢《ピュア》な犬、ウィペットの米。

私は収穫したブルーベリーを一輪車に乗せて運ぶ。黒ラブは人間の歩みに合わせて横をとぼとぼ歩く。

蔵の裏手にくると、先に帰っていた米がまた一直線に駆け戻ってきて、今度は老犬に体当たり寸前で動きを止める。兄犬はウッと唸り声を上げて、先輩らしく子犬を叱る。そこでハアハア言いながらやっと同じ歩調で家の前まで帰り着く。これが朝の日課になった。犬たちはそのあと水を飲み、朝ごはんのドッグフードを食べると、残りはうつらうつら眠って過ごす。幸せな一日が今日もまた始まる。

車酔い

米《マイ》はきたばかりの幼い頃、車によく酔った。

動物病院に行くのに車で十五分ぐらい。猫も黒ラブもお世話になっている。ワクチンに行くにしても、まさか歩いては行かれない。車に米を乗せたとたんに涎《よだれ》をだらだら垂らし始め、揺れないようにゆっくり運転しても、たいてい十分後には胃液をゲエゲエ吐き戻した。

以来、犬用のオシッコシートを車内に敷き詰めて連れて行くようになった。

乗せる際も、イヤだイヤだと駄々をこねる。抱きかかえるようにして助手席へ乗せる。乗せて五分もしないうちに、涎の海ができた。

人間も小学生の頃までは車に酔う子が多い。私もバスが苦手だった。当時は排気ガスがかなりの臭いを放っていたし、車内は何となくオイルの臭いがし、人いきれがしただけで胃袋がむかむかしたものだった。

犬の嗅覚は人間より数千倍も優れているという。空港で麻薬探知に活躍する犬さえいる。ウィペットの米にとっては、車のエンジンオイルやらシート、さらにさまざまな臭いでむせ返る閉鎖空間に閉じ込められ、足元はゆらゆら揺れ、三半規管が悲鳴を上げる状況となれば、まさに苦痛でしかない。

ところが、何度か獣医さんへ通ううちに、ふと気がついた。米が車酔いしなくなったではないか。それが一歳を過ぎた頃だった。

ウィペットは飼ってみて初めて分かったが、毛が薄く、体毛が飛び散ることもなく、体臭もほとんどない。普通は「犬臭い」のが当たり前なのに、入浴もペットの美容院に行くことも必要ない。

ラブラドール・レトリーバーは、何となく「枝豆が茹だったときの匂い」がした。ウィペットの米は、鼻をくっつけて匂いを嗅いでみるが、何の匂いもしない。

運動好きなので室内飼いするタイプには分類されないだろうが、じつは一緒に暮らしてみて、一番匂いのしない犬なのではないかと思う。

おかげで一緒にベッドに寝ても、部屋が犬臭くなることはなく、ほとんど猫を抱いて寝るのと同じ感覚。犬のほうでも、当たり前のように人間のベッドに潜りこんでくる。

イギリス人は犬が好き

ウィペットはイギリス原産で、主にドッグレースで活躍する。

いろいろ調べてみると、賭けごとの好きなイギリス人、とりわけ貴族は大型のグレイハウンドを使ってドッグレースを楽しんだという。一般庶民はグレイハウンドよりやや小型なウィペットを育成して、小動物の狩りやドッグレースに大いに活用し、愛好した。

駿足のウィペットは、時速七十キロは出るというが、長い直線距離を走らせたことがないので我が家の犬では実感が湧かない。が、確かに猫を見つけると、無我夢中で追いかけていく。そのときの足の速さは尋常ではない。たいがい必死に逃げる猫、しつこく追いかける犬、その場面がしばらく続き、最後は猫が爪を有効に使って木に登り、レースの決着がつく。

インバウンドの外国人観光客が徐々に増えて、酒蔵《さかぐら》にも多くの外国人が立ち寄るようになった。

明治十八年建造の母屋を見学させる。私がマイクを片手に英語で簡単に説明をする。
三、四年続けてくるようになったのがイギリス人のツアー。タイトルが"The essence of Japan"といって、二週間ほどかけて日本各地を見て回る。
まずは羽田に降り立ち大都会を満喫し、バスで富士山の五合目まで行く。その後は中央道を下って、信州は国宝松本城を見学。そしてアルプス越えをして飛騨へ抜けていく。その途中にあるというので、都合よく酒蔵見学をしていく。

見学といっても、衛生状態を保つため、酒造りの現場を案内するわけにはいかないので、古い母屋を見てもらって、日本人の古い商家の暮らしぶりの一端を体験するという仕掛け。

松本城に行って、天守閣まで登ってきたばかりなので、中に入る際には靴を脱いでくださいと言うと、みんなわかってると言わんばかりの顔で靴を脱いでくれる。脱ぐのはいいが、土間でそのまま靴を脱ぐ輩《やから》、あるいは沓脱《くつぬ》ぎ用に置いてある簀子《すのこ》にどっかり靴で上がる人など、西欧人の行動はさまざま。

中には穴のあいた靴下を見せびらかして、「こんなの履いてくるんじゃなかった」と周囲の笑いを誘う人もいる。

大黒柱や箱階段などを見せ、坪庭にある渡り廊下を渡る。たまにかなり長身の人には、渡り廊下への出口で、足元と頭に気をつけるよう注意を促して、"Watch your steps, and mind your head, please" と声をかける。中にはすでに何度か頭をぶつけて日本人の平均身長を実感した経験があるらしく、わかってるぜ、としたり顔をするのっぽさんもいた。

見学のあとは直売所で試飲をして、お買い物。日本酒ばかりでなく、じつはブルーベリーのリキュールに大変人気が集まった。「カンパーイ」などと声をそろえて、みんなで試飲して口々に批評をする。楽しいことこの上ない。

このツアーは飛騨から金沢へ行き、その後は京都へ。そして新幹線で安芸の宮島へ向かう。最後は箱根経由で羽田から帰国するという。まさに日本列島の半分を駆け抜ける。

バスの出発時には、ウィペットの米《マイ》を連れて見送る。犬の名前を聞かれたら、すかさず "His name is Mai. Mai means white-rice" と説明する。日本食を何度か食していれば、白い犬の名前の由来も十分に納得する。

イギリス原産だけあって、ウィペットの友好的な性格をよく知っていて、みな親しげに米を撫でてくれる。見送りをするとわかると、窓を開けて手まで振ってくれるのだった。

添乗員の中には、何度かきたことのある人もいて、ジェーンという名の添乗員は、何と米のためにイギリス製の犬のおやつを一袋持ってきてくれた。

犬ばかりか人間もおおいに感激。

イギリス人は犬好きが多い、と実感する。

事業の行方

造り酒屋を継ぐことが決まったのが昭和五十六年（一九八一年）。その後平成五年に私が三十八歳で社長を引き受けて会社を切り盛りしてきた。頑迷な父がまだ元気な頃に、夫は別の会社の経営を任され、古い体質の造り酒屋の経営者には私がなった。

毎年秋になると、その年の冬の製造数量を検討し、仕込み計画や資金繰り表などの書類を作って銀行へ提出し、原料米代を調達する。

父がみまかり、小規模な企業の役員は私と夫と母の三人だけ。

六十歳を過ぎてしばらくした頃から、銀行がやたらと先々はどうするのかというようなことを尋ねるようになった。私たち夫婦に子供がいないことを憂慮してのことらしい。銀行としては、貸した資金は返済してもらわねばならず、本人にもしものことがあった場合も想定して、肩代わりする人間を確保しておきたいのだろう。

そもそも最初の頃は何も知らないまま引っ越してきて、その当初は遠い親戚の叔父が経理を任されていたが、造り酒屋の将来は明るくないと見越していた。父は長い間市会議員をやっていて、ある意味で議員活動に血道を上げていた。

これではいけないと、私たちなりに必死にいろいろな試みをした。飲食店をやってみたり、新しい販売先を開拓し、とにかく何かにトライしながら希望を繋いでいく道を探した。

当時は酒類販売免許を取得するにはさまざまな制限があったが、次第に規制緩和が進み、コンビニエンス・ストアが登場すると、ほぼどのお店にも小売免許が下りるようになった。となると、昔からの酒屋さんはお客を奪われ、廃業せざるを得なくなっていった。酒類販売の世界だけではなく、衣料品店、金物屋、八百屋、肉屋といった、昭和の時代に商店街に必ずあった小売店は、ほとんどがスーパーとコンビニに駆逐されてしまった。

一九九五年頃から、先行きを考えて観光酒蔵として観光客を受け入れ始めた。

バス旅行が盛んな時期には、紅葉シーズンの十月ひと月で百台以上のバスを受け入れたこともあった。日本人の団体旅行が下火になると、次第に個人客がやってくるようになり、やがてインバウンドへと繋がっていった。

とはいえ、アルコール飲料の消費、特に日本酒の消費量は減る一方で、観光酒蔵のおかげで持ちこたえてはいても、生産量が二倍に増えるわけでもなく、さらに世の中はデフレ状態が長く続いていた。

観光客を相手にするようになって、土日は団体を受け入れるため、私は休みなく出社していた。そんなときに、父の介護と葬式が続き、その疲れか肺炎で入院も経験した。

若い頃のように徹夜はできないし、仕事も無理をするとあとでしわ寄せがくる。そこへきて、銀行が今後どうするか方針を考えよと迫ってきた。

そんな追い詰められた心持ちの日々でも、ウィペットの米《マイ》と一緒に散歩をしているときは、胸の中の霧が知らず知らず晴れていく気がした。

米には意外に臆病なところがあって、いろいろな犬に出会うと、とりあえずは鼻をふんふん近づけるものの、すぐにキャンキャン高い声で鳴く。そして家に帰ってくると、まず水をがぶがぶ飲んで肩で息をする。よほど喉が渇いたのか、よその犬に会って興奮したのか。そんな米を兄犬は、冷めた目で見つめていた。

平成二十九年、義母に続いて義父が他界し、続いて兄犬の黒ラブが虹の橋を渡っていった頃、私たちはいろいろ逡巡したのち決断をした。

会社を社員丸ごと引き受けてくれる事業譲渡先を見つけて、経営から引退しよう。

譲渡先は銀行の提携会社が仲介役となって、財政力のある立派な会社が見つかった。

平成三十年の四月、とうとうその日を迎えた。一年半ほどの間は業務引き継ぎのために私も社員として雇われることとなった。長年住み慣れた古い母屋を一年以内に引き渡す条件だったため、さっそく引っ越し先を探す毎日となった。

事業譲渡したあとは肩の荷を下ろした反面、一つとして自分の意思で物事を決められないという、忸怩《じくじ》たる思いに苛《さいな》まれた。社員の雇用確保とブランドの継続ができただけで十分に報われているのだから、私個人の感傷的な思いなど他人の目から見れば流れる川の些末な泡《あぶく》でしかない。

覚悟はしていたとはいえ、大事にしていたものを無残に捨てられるのを見るのは苦しかった。古くから屋敷林として敷地の境界には杉や槙の樹が植えられていた。樹齢のいった松もあればイチイもあった。それが、譲渡先の本社から重役がきて、邪魔だと考えたか植木屋の経費がかかると考えたか、全部伐採するようにと指示をだした。

夏は涼やかな木陰を作っていた木々が伐採されると、あたりは明るくなり風通しもよくなったが、私の胸の中に侘しい空気が流れ込んできた。

事業を譲渡するということは、それまでの歴史もすべて他人の手に委ねるということなのだ。

断捨離

とりあえず引っ越し先を見つけて、新しい暮らしを始めなければ。まずは、家財道具の整理にとりかかった。

どの代の嫁入り道具か知らないが、古い長持《ながもち》、和箪笥《わだんす》に洋箪笥、引き出しに衝立《ついたて》。すべてを廃棄するのは惜しいいし、古い物が好きな人もいるだろう。知り合いから紹介してもらい、古道具を扱う人に無償で引き取ってもらうことにした。

座敷には昔からの堆朱《ついしゅ》の卓袱台《ちゃぶだい》がいくつもあった。父の関係で近所の人が大勢集まるときなどは、その卓袱台を三つも四つも並べて座布団を敷き詰めたものだった。これは座敷で使えるだろうと、置いていくことにした（この卓袱台は後日、廃棄物として捨てられてしまった。日本間でも今や机と椅子で生活する時代、高齢者は膝が痛くて正座ができないなど、生活スタイルが変われば卓袱台の役割も終わったということだろう）。

古くから箪笥に眠っているだけの祖父の代の着物、着る機会の減った晴れ着、そのほか昔の式服などを、高価買取りを謳《うた》い文句にしている業者へ送った。無料で運送業者が引き取りにきてくれるのがありがたかった。が、百枚近くあった着物が、何と数千円にしかならなかった。買取り額に不満があれば返送の代金を支払えという。おそらくは高い代金を請求してくるに違いない。こちらとしては無用な物をただで引き取ってもらえたと思えば、決して損したわけではない。

毛布は難民支援にあてがい、書籍は古本屋へ送り出す。これは今までの生活に区切りをつける仕舞い仕事を与えられたと考えることにした。いわば断捨離。

先祖が残した物も時代が変われば使われなくなるのは当たり前。手あぶり（火鉢）、お膳、古い食器や漆器などには、生活スタイルの変化が「不用品」というレッテルを貼る。

「長い間、ありがとうございました」と合掌して廃棄物として処分する。

台風による洪水や地震災害などにあえば、一瞬で何もかもが瓦礫と化して目を覆う光景が展開する。そのことを思えば、人の手を借りずに、時間をかけて自分で納得して片付けができるのはむしろありがたいこと、幸福なことだった。

家財道具が一つ一つ片付いていくと、少しずつ気持ちが軽くなっていった。まるで水底に沈んでいた身体が、明るい日の光に吸い寄せられて水面へと浮上していく感覚に似ている。

車で十分ほどの場所に引っ越し先が見つかった。

母は一人娘であったために、古い家で生まれ育ち、一度も引っ越しというものを経験したことがない。九十に近い母が引っ越ししなければならないことに、どれほど気を病むかと心配だが、できるだけ時間をかけて少しずつ慣れてもらうしかない。

前年に他界した義母の場合は、太平洋戦争の際に東京の下町で大空襲にあって焼け出され、戦後の物資不足にあえぎ、さんざんつらく苦い経験を積んでいただけに、物に固執することはなかった。そのためか、「私の死んだあとはすべて処分してよいからね。ただし疎開しておいたおかげで焼けなかった箪笥二棹と、女医の母が吉岡弥生先生からもらった額だけはとっておいて」と言い残していた。

義母と義父の住んでいた家を片付けるのに、その言葉にどれほど救われたことか。

今になって思うと、新型コロナウイルスの感染が始まる二〇二〇年より前の二年間、私はさまざまな家財の片付けにずっと携わっていたのだった。

思い出深い品を処分することは、一時《いっとき》悲しい気持ちにはなるものの、時間が経てば傷は徐々に癒《い》える。ささくれだった気持ちも、そばに犬がいてくれたおかげで、心に温もりを感じていられた。

新しい家への引っ越しの準備段階で、こまごまとした物は自分で運び込んでいった。真っ先に持っていったのが、犬のベッド代わりのふかふか布団。何もない家の中で真っ先に米《マイ》の布団の位置が決まった。

そして引っ越し先に住み始めたのが四月。まだ早朝は気温が低いので厚手の冬物の服を着て、米とともにさっそく散歩に出る。寒がりの米にはウエアを重ね着させる。

人間よりも犬のほうが環境に順応するのが早い。というか、人間と一緒にいられることのほうが、犬にとっては大きな意味があるようだ。

いつもどおり同じ飼い主と一緒に寝る習慣、朝は散歩をする習慣、散歩から帰るとごはんを食べて寝る習慣。その習慣が激変しない限りは、犬は幸せでいられるのだろう。だから、たとえば災害にあって避難所暮らしとなれば、犬の居場所はない。飼い主とも一緒にいられない。

「いつも一緒にいられるのは、最高に幸せね」と、語りかけると、ウィペットの米は餃子の皮でできたような耳をちょっと動かして見せる。十分にわかっているのだ、と人間は勝手に解釈する。

喉が渇いた

新型コロナウイルスの感染拡大のせいで、観光客はめっきりこなくなった。飲食店は来店客の激減にあえぎ、とうとう閉店するところまで出てきた。人と人は密着することなく、ソーシャルディスタンスをとること。つまり内緒話はできないし、大きな声は出せない。飛沫を避けるためにマスク着用。マスクを忘れようものなら、周囲から刺すような目つきで睨まれる。そんな嫌な空気が蔓延すると、人間が集まって和気あいあいの時間を過ごす集まりは、過去のものとなった。

ついに私も完全引退することとなった。

世の中は新型コロナウイルスのせいで、さまざまな生活習慣が変化した。その点、犬との散歩は、風を顔に感じながら歩くことに変わりはない。移ろいゆく景色を見ながら四季を感じ、人間と犬は軽快に歩みを進める。

それがある夜、クスン、クスンと、米《マイ》が苦しそうに空咳を繰り返した。何やら悪い病気でももらったのか。翌朝は元気がなく、散歩も行きたくない様子。

さっそくかかりつけのT動物病院へ連れて行く。ケンネルコフという病名を告げられ、X線撮影、血液検査をし、熱があるようなので預かるという。その日は午後に用事があったため、仕事を終えて十七時に病院へ迎えに行った。

金属製の柵のケイジに入れられたのが、気に入らなかったらしい。ガシガシと柵をかじって、鼻の頭が赤むくれになっている。獣医さんの説明では、注射二本して炎症はおさまりつつあるものの、血液検査の結果、腎臓が悪いことが判明した。通常、腎臓病は発見が遅れがちで、見つかった時点で腎臓の組織の四分の三以上が壊れていて、残りの組織だけでいかに老廃物を排除しリンの蓄積を防ぐかがポイントだという。

腎臓病の指標となる値は、血液検査ではＢＵＮ（尿素）とＣＲＥ（クレアチニン）。通常の基準範囲はＢＵＮが９・０２～２９・０２、ＣＲＥは０・４０～１・４０だそうだ。それが米の場合、ＢＵＮが６２・０１、ＣＲＥが３・１４。健康バロメーターの指標では危険範囲の最高値をかなり振り切っている。

腎臓が老廃物を漉《こ》しとることができず、オシッコはほとんど水のようなもの。体内に老廃物が溜まるために、必要以上に水を飲みたがる。そんな傾向はありませんでしたか、と問われて、思い当たる節がたくさんあった。

散歩から帰るといつも水をがぶ飲みし、散歩の途中でも小川の水を飲もうとする。オシッコの回数はかなり多いし、ほとんど臭いがなかった。単純に夏の暑さのせいとばかり思い込んでいた。

逆に暑いのにべったり地面に寝転がっていたのは、じつは気分が悪くて体を温めたかったのだろうか。干物になっちゃうよ、などと茶化していたのだが。

獣医さんに薬を処方され、腎臓病用の食事に変えること、人間の食べ物は一切やってはいけないことなど、注意事項をいくつも言い渡されてきた。

以来、米の腎臓病との付き合いが始まった。一応元気はとり戻し空咳は止まったので、散歩はいつもどおり再開する。

老廃物を腸から排出できるように吸着剤の粉末をフードにふりかける。薬は腎臓病の悪化を遅らせる程度の効果しかないという。二週間に一度獣医さん通いが始まった。

三か月ほどしたある朝、散歩にいくのは嫌だ、と米が言う。

いくらリードを引っ張っても、抵抗して歩こうとしない。よほど具合が悪いのか。

急いで獣医さんへ連れて行くと、血液検査の結果、ＢＵＮが１７０・０９、ＣＲＥが８・３２。背中に針を刺され、点滴をする。水分補給のための皮下点滴。かなり早いスピードなので、三分ほどで終わるのだが、その間米はじっとしている。

今後は点滴を二日に一回ぐらいの割合でしなくてはいけないと言われる。

人間であれば腎不全の患者は透析によって、機械が腎臓の代わりに老廃物を排除してくれる。が、動物に一時間から二時間おとなしくベッドに寝ていなさい、とは無理なこと。特に米のように運動が大好きな犬にとっては、麻酔でも打たない限りは無理である。かといって腎臓が老廃物を漉してないのだから、麻酔を打ったらそのまま昇天してしまうかもしれない、というのだ。

獣医さんに通うことで一番気が楽だったのは、米が獣医さんへ行くことが大好きだったことである。行けばさまざまな犬や猫たちが待合室で待っている。米はそのどの患者にも鼻でふんふんせずにはいられなかった。特にフレンチ・ブルドッグにはやたらご執心で、鼻の形といい尻尾の長さといい、まったく逆の体型同士がお互い無いものねだりをしているようで笑える。待っている間に二匹で思い切り舐め合い、レスリングごっこでもしそうなはしゃぎぶりだった。

猫にいたっては、かごをのぞき込んでシャーと威嚇されることたびたび。それでも心配そうに猫を見つめて、「だいじょうぶ、元気を出して」と猫のことはよくわかっているよとしたり顔をする。

診察室に連れ込まれるときに、両足を踏ん張って抵抗する犬や、怖がってぶるぶる震える小型犬がたくさんいる。人間だって医者にかかるときは、診察室に呼び込まれると、何となく緊張してぎこちない動きになる。

それが米の場合は違っていた。診察室のスライドドアは、上半分にガラスが入っている。柔軟な股関節と長い脚にものを言わせて、米はガラス窓から診察室内をのぞき込む。

「先生何しているのかな。僕の番はまだかな」

まるで綿あめの順番を待つ小学生のような顔つきだ。

診察台に乗せられて体重を測定し、背中にぶすりと針を刺されて点滴をする。

「毎回針を刺されながら、こんなにうれしそうな犬は珍しいですね」と、T獣医師も言う。腎不全になれば尿毒が体に回って苦しいだろうに、米はまだまだ元気に毎日散歩に付き合ってくれた。

過去の犬を語る場合は、ある意味でもう涙は枯れ果て、セピア色の写真を眺めるような感覚ですらすらと思い出が流れてくる。が、米のことを書こうとすると、まだ頑張って生きているのに、書くことであの世に近づいていくようで怖くなった。しばらく犬のバトンリレーはタイムアウトをとることにした。

紅葉シーズンが過ぎ、木枯らしが吹き荒れ、山々が白い雪に覆われる冬になった。相変わらず週に三回から四回の点滴に通い続けていた。暮れから正月はどうするのかと思っていると、米のように毎日か一日おきに処置に通ってきている猫や犬がたくさんいた。

「朝八時三十分に来てください。順番に処置だけしますので」と、T先生は言った。

結局、一月一日のみ休診で、あとは大晦日もお正月二日も三日も獣医師のお世話になる。

「先生、お休みもなくて、大変ですね」

「相手が生き物ですから、当然です」

そう言われてみて、仕事とはいえ大変だと改めて思う。犬や猫は診療の対象ではなく、鼓動を打ち続けている生き物であり、その生命を預かっているというわけである。

牧畜業をしている農家にしても、牛や鶏に毎日餌と水をやり、厩舎を清潔に保ち、適度な運動をさせ、健康状態をチェックする。それが毎日果てしなく続けられる。

ウエアを重ね着する冬が過ぎ、日差しが少しずつ春めいて鶯が鳴き、遠くの山には残雪が白く輝いて、カッコーの声が聞こえる夏を迎える。米のBUNは155・06、CREは8・00と、数値は上昇するばかりだった。相変わらず元気でいてくれるが、食事のあとはひたすら横になっている時間が増えたように思う。

薬の種類も増えてカプセルに錠剤に粉末。それを飲んでもらうにも工夫が必要で、鶏皮《とりかわ》を買ってきて、それで包み込むようにしてパクリと飲ませる。それでもダメなときは、大好きなプチシュークリームに全部を仕込んで、一口にパクリとやってもらう。

犬用のオブラートがあると聞いて、さっそく取り寄せる。人間と犬の知恵比べが続いた。

ブルーベリーの苗木は、挿し木で増やしたものを引っ越し先に持ってきて、大きな鉢植えにして十二本だけ育てていた。夏の盛りにはきれいに色づき、一粒一粒摘みとる。それもたった十二本なのでまさに趣味の領域。それでも防鳥ネットは必要なので、一人で何とか張る。米はその狭いネットの中に入りたがった。

ウィペットはとにかく人間のそばにいたいのだ。人間のすることを見ている、あるいは自分も一緒になって何かをする、あるいは横に座っているだけでもいい。

「あなたは現場監督のようね」と皮肉を言ってやる。

点滴のための通院とブルーベリーの摘みとりが、一日おきに交互に続いた。

稲刈りの終わった田園に秋風が吹き渡る季節になると、米は散歩の途中で歩く速度がのろくなり、もう帰りたいと言うようになった。一時間が通常の散歩なのに、十五分ほどで帰りたいという。

よほどつらいのか、とぼとぼと家路をたどる。

家に戻ると水を飲んで、ドスンと自分のベッドに腰を落とす。

獣医さんで血液検査をすると、ＢＵＮは２６２・０２、ＣＲＥは１３・８６。

「残りの時間をどう過ごすか、考えてください」と言われた。

残された時間

一体何を言われたのか、一瞬わからなかった。

このままずっと点滴に通っていればよい、と自分に言い聞かせていた。徐々に悪化しているとはいえ、まだまだ一緒にいてくれる、と思うことにしていた。

人間にだって、いずれは死というものが訪れる。

残りの時間ということは、あとわずかしか生きていられない、という意味なのを理解した。米《マイ》の死はまだ先のことと、ごまかしていた自分が情けない。

そうだ、〇さんに会っておかないと。

いつも長時間出かけるときに、米を預かってくれる〇さんは一人暮らしの高齢者だった。かつては柴犬を飼っていたが、寿命が尽きてからはもう自分も高齢だからと、犬は飼わずにいた。それだけに時々米を預かることで、犬との接点を喜んでいた。

獣医さんからの帰り道、〇さん宅に立ち寄る。

事情を話すと、「まあそんなに悪いの」と心配顔をする。が、米は〇さんがわからないのかよろよろと佇んでいるだけで、時々ワオーと変な声を上げる。

とりあえず家に帰って、ベッドに寝かせる。

残りの時間はどれぐらいあるのだろう。

最後の最後までしっかり付き添っていてやろう。そう思って、米の頭を膝に乗せる。眠いような、だるいような顔をしながら、肩で息をする米。

本を片手に、米にずっと寄り添っていた。水を少し飲む程度で、もう食べ物には関心がない。

文庫本を半分ほど読んだところで、夫が帰ってきた。事情を話して、夕食の支度にとりかかる。その間、夫が米を見守っていた。

ぐったりとバスタオルに体を投げ出して、米は大きく息を一つする。

そして私らに見守られるままに、静かに、静かに、息をしなくなった。

最後の最後の瞬間、これを看取るというのだろうが、米は呼べばまた目を開けてくれそうだった。

長い間、苦しい思いをさせたね。思いっ切り走りたかっただろうに。散歩もつらいほどに腎臓の機能が低下してしまって、助けてあげられなくて、ごめんなさい。

米の白い体に、涙がぽたぽた落ちた。

体がだるくても、散歩にはかかさず出かけて、すらりとした長い脚、白いきれいな体つきは、すれ違う人の眼を惹いた。

本当に形のよい、美男だった、米ちゃん。

今まで本当にありがとう。

七歳というのに、まだまだやりたいこともいっぱいあって、いろんな犬と出会って、楽しく遊びたかったのに。若くして、生きることをやめなくてはいけないなんて。

運命とはいえ、早過ぎるお迎えだった。

ウィペット 米を飼った経験からの感想と考察

ウィペットは、

・サイトハウンドだけに、視力が抜群で、遠くの物をよく見分ける。
・遠くに動く物があると、二本足で立ち上がって見ることもある（立ち姿はミーアキャットのよう）。
・足の速さだけは、抜群。一日に一度は全速力で走る機会があると、満足するらしい。ボール遊びでも何でもよい。
・瞬発力があり、散歩は右に左に好きな方向へ行くので注意が必要。
・ほかの犬種に対しては、とても友好的。相手が嫌がらないかぎりは、こちらから喧嘩を売ることはしない。人間に対しても、噛んだり威嚇することはない。
・猫とも仲よし。相手の猫さえ受け入れてくれれば、一緒に暮らすことも可能。
・食事はほどほどに足りるだけ食べ、食べ過ぎることはない。ぜい肉が付くことがなく、肥満の心配はない。

・いわゆる犬臭いといわれる体臭がほとんどない。毛も短毛で体に張り付いているため、シャワーやお風呂も必要ない。たまに濡れたタオルで拭く程度。

・毛が薄いせいもあり、寒がり。季節に合わせてウエアが必要。寒冷地では、屋外で飼うことは勧められない。室内で人間と一緒に生活することが大好き。

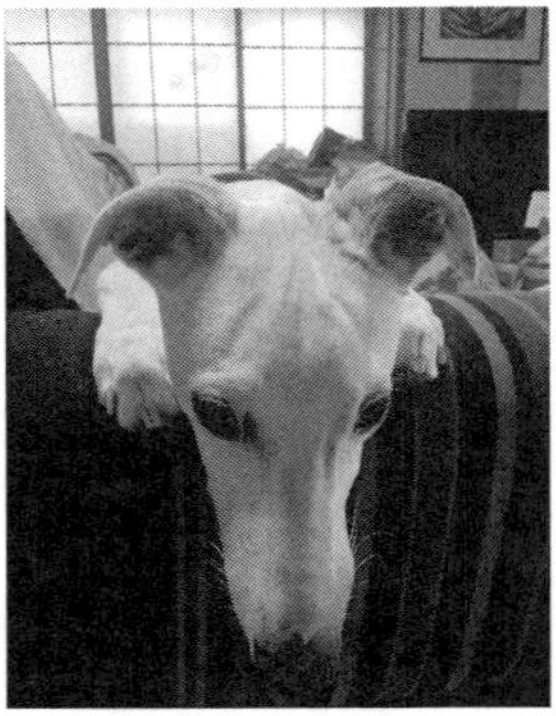

ソファのひじ掛けが
枕替わり？

ブルーベリー畑に
新種のヤギ

猫の大ちゃんとは
大の仲よし

寛大な吟兄ちゃん

夏の日差しが強いから、
干物になっちゃうよ

お土産を持ってきてくれた
イギリス人ツアーの添乗員さん

どこから見ても美男子

冬はスヌードで防寒対策

代走最終走者

純

ウィペット

令和四年〜

犬を見送る

ビーグル犬のピッポ、ダックスフントの醸《ジョウ》、ラブラドール・レトリーバーの吟《ギン》、猫の大《ダイ》。みんな桜の木の下にそっと寝かせて埋められた。

桜の花が咲くたびに、木の下で眠るかつての愛犬・愛猫を思い出す。

が、ウィペットの米《マイ》の場合、埋められる広い庭はない。「ペットの火葬」でインターネットをチェックする。

人間と同じように二十四時間受付と書いてある。父を看取ったときのことが思い出された。

電話をすると柔らかな女性の声が、郵便番号だけ尋ねて、折り返し連絡するという。つまりは郵便番号で地域を特定し、契約している担当業者にコンタクトさせるというシステムらしい。すぐに折り返し電話があり、およその体重を尋ねられる。十一キロと答え、火葬の日取りをとり決めた。

火葬できる釜を乗せたワゴン車が家の前に横付けされ、いよいよ米をあの世へと見送るときがきた。九十歳を過ぎた母も立ち会うことができる。

ちょうど家の前に咲き乱れるコスモスの花を飾って、米と最後のお別れをする。父を送ったときは、犬も猫も一緒に通夜をした。今はありったけ人間が心を込めて米を送る。

もう苦しい思いはしなくていいから、天国の野山を思う存分駆け回るのよ、と米に声をかけ、母と私で合掌した。

二時間ほどして、米は白くてきれいなお骨《こつ》になって、骨壺に納まった。

散歩老人

人間の健康のためには、毎日の散歩がよい運動になっている。

インターバル速歩のように速歩きとゆっくり歩きを交互にする場合もあるが、私たちの場合は、犬の先導で当たりの景色を見ながらさっさと歩く。一万歩ぐらいは軽く歩く。雨が降れば傘をさしてでも、とにかく歩くのが毎朝の習慣になっていた。

それも米《マイ》がきてから、私にほぼ毎日歩く習慣ができ上がった。

米がいなくなっても、とりあえず朝の散歩は続けた。

散歩しながら、ああここで米が水を飲んだ、ここではフレンチブルに会って鼻を突き合わせた、と思い出ばかりが浮かぶ。そして、ため息。

げんなりと肩を落として、ため息交じりにとぼとぼと歩く。ため息をつくたびに小石がぽろっと口から出てきたとしたら、今頃私の目の前には向こうが見えないほどの石の山ができているはずだ。

はたから見たら、行く当てもなくとぼとぼ徘徊しているようにも見える。家を出たきり行方が分からなくなっている老人の、服装や背格好を伝える町内放送が時々流れることがある。認知症のために帰る家がわからなくなっているんじゃないかと思われないように、背筋だけはすっと伸ばして歩くことにした。

そう思っても、百歩も行かないうちに、またため息が出て肩をがっくり落とす。犬が一緒だったら、「ほら、きれいな虹が出ているよ」とか、「ここでいつか真っ黒猫に会ったね」などと、話ができたのに。

胸の中にぽっかり穴があいたと表現されることが、現実の自分の身に起きている。胸の中はすかすかで、うすら寒い風が吹き抜けていく。

常に傍らに犬がいた生活をもう何年続けてきたのだろう。今さらながら犬が生活の真ん中にいたと思い知る。

ゲンちゃん

犬好きの人間は、犬がいたらとりあえず犬のそばによって、どんな犬かを確かめたくなる。

米《マイ》と顔見知りの犬もたくさんいた。すれ違いざまに、「おや、マイちゃんはどうしたの？」と声をかけてくださる飼い主もいた。

飼い主の名前も職業も知らないのに、連れ歩いている犬の名前だけはお互いに知っているのだ。

柴犬のゲンちゃんは、牛を何頭も飼っている牛舎の前に繋がれていた。太い針金に繋がれていて、牛舎の端から端まで自由に移動もできる。

顔見知りになってから、時々犬のおやつを持っていってやった。

「ゲンちゃん、米ちゃんが死んでしまったのよ」

そう話しかけても、何が何やらわからないという顔をする。

犬好きは、自分の飼い犬は当然ながら他人の犬もかわいいと思う。

おやつをあげると、どうしたことかゲンちゃんが私の右手をがぶりと噛んだ。そのあまりの痛さに思わず手を引っ込める。牙が右の親指の腹を切り裂く。

思わず左手を伸ばして引き離そうとすると、今度は左の親指の付け根にガブリと牙を突き刺してきた。

どうしたの、顔見知りのはずなのに、私が何か悪いことをしたのか。米のことばかり考えていて、不用意に近づいたのがいけなかったのか。

横にいた夫が犬を足蹴にして、ようやく私は解放される。

右の親指と薬指、左の親指と手の甲から、ぽたぽたと鮮血が流れ落ちた。

あいにくその日は土曜日で、もう昼近くになっていた。かかりつけの医者に電話をすると、大きな病院の救急外来へ行ったほうがよいとアドバイスを受ける。

痛みをこらえて、病院へ連れて行ってもらった。

受付で犬に噛まれたと言うと、「飼い犬ですか、それともよその犬ですか」と問われた。

「近所の犬です。何度もおやつをあげたことあるのに、今日はガブリって、噛んだまま放してくれなかったの」

「それは第三者行為にあたるので、保険適用になりません」と告げられた。

説明を聞くと、どうやら交通事故などと同様、加害者のほうが治療費を支払うという決まりらしい。他所の犬であったら、犬の飼い主が支払うべきだというのだ。

しかし、今回はどう考えても私がぼんやりしていたせいであり、ゲンちゃんのせいでも、飼い主のせいでもない。

陽気で話好きな奥さんと、牛の世話で忙しそうなご主人の顔が目に浮かんだ。同じ犬好きとして、犬が噛んだから治療費よこせなどとはとても言えない。

これは自業自得と納得をして、自分で全額負担することにした。

指輪

右の薬指の先にも牙が刺さった。爪の根元が鋭い痛みを訴えている。

救急外来の医師は、「このままにしておくと、患部が腫れたときに血流が悪くなって、最悪指先が壊死するので、指輪を切りますね」と言う。

あれ、指輪などしていたかなあ。すっかり忘れていた。

確かずいぶん昔、二十代の頃アメリカに行った際、ネイティブ・アメリカンの民族調の手作り品を売る人から、誕生石のトルコ石を埋め込んだ指輪を買ったのだった。以来気に入ってずっとはめたままでいたのが、仕事で重い物を持ったり、年齢の積み重ねから指が節くれだって、抜けなくなっていたのだった。

すっかり忘れていた。これが結婚指輪、つまり左の薬指であったら、ここで夫婦の絆まで断ち切られたところだった。

右の薬指の指輪は安物なので、何やら台を差し込んで鑢《やすり》でゴシゴシするうちに、すぐに外れた。

患者の私は診察台に寝かされたまま、医師の手当てに頼るしかない。

指の付け根に麻酔薬を打たれ、まずは傷口の消毒。あとでわかったが、親指の腹はまるでズボンにできたかぎ裂きのように破れていた。包帯がとれた後もしばらくはスマホの指紋認証ができないほど、傷口は無残だった。

薬指のほうは爪母と呼ばれる部分に犬歯のあとがあり、痛みが強烈だった。

「念のため破傷風の予防薬を打ちます。傷口を縫ってしまうと破傷風菌が体内に回る恐れがあるので、縫うことはせずに、このまま毎日消毒を繰り返してください」

言われるがまま、そうなのかと思う。破傷風菌は嫌気性なのだ。だから空気にさらしておいたほうが、増殖する心配がないというわけか。清酒酵母は確か増殖するときは好気性だったような気がする、などと全然別のことを考える。

「今晩は傷口を心臓より高くして、寝てください」と医師は続けた。

どうやら手をだらりと垂らして眠るようなことはするな、ということらしい。まるで棺桶に寝かせられたように、両手を胸の上に組んで寝るとよいという。

出血をガーゼで抑えて包帯を巻かれる。ずきずき痛む両手をできるだけ下げないようにして、痛み止めと茶色い軟膏をもらって帰ってきた。

両方の手が白い包帯でぐるぐる巻きにされて、まるでドラえもんの手のようだ。痛い痛いといいながら、笑えてくる。

犬好きもここまでくると笑い話だ。犬に噛まれたからといって、犬嫌いになるわけではない。これが小さな子供の頃に噛まれたりすると、トラウマとなって一生犬を好きになれない。犬嫌いな人に尋ねると、ほとんどが幼い頃に犬にまつわる悪い思い出があると答える。

私の場合は、物心ついた頃から犬や猫と一緒に暮らしていたので、今さら犬猫を嫌いになれるわけがない。

病院通いは二週間続いた。

しばらくすると噛まれた指の爪が変色して、下から新しい爪が伸びてきた。医師は「爪をはがしてしまったほうが、早く治るんですがね」と言った。が、聞いただけで身震いがした。そんなやくざのリンチのようなことは、死んでもごめんだ。

困りごと

包帯を巻かれて一番困ったのが、炊事だった。食事の準備をするにしても、患部を濡らすわけにいかないし、ゴム手袋をはめたくても包帯が邪魔をしてできない。仕方なくビニール袋で手をすっぽり覆って、輪ゴムで留める。やっぱりドラえもんの手だ。キャベツの千切りはとても無理なので、百切りぐらいで勘弁願う。凝った料理はできないので、コンビニから温めるだけでよいお惣菜を買ってくる。

一番困ったのが、牛乳パックの栓を開けるとか、瓶詰めの蓋をひねって開けること。そしてハサミを使って袋を開封するとか、ビニール袋に物を入れるような作業。痛みで力が入らないのと、親指が使えないので、物を掴むことができない。人差し指と中指で物を挟んでみても、力が入らない。親指と残りの四本指が向かい合うからこそ、物を掴んで力を入れたりひねったりできるのだと、今さらながら人類が道具を使えるコツを自覚する。

愛犬が旅立った悲しみと、よその犬に噛まれた痛みと、仕事を引退した寂寥感に満ちた日々は、ため息ばかりでごはんの味まで悪くする。

晴れた空の青を見ても、朝日に輝く河を見ても、遠くの山々のシルエットを眺めても、曇りガラスの向こうにあるようだ。

ここは思い切って旅行にでも出かけよう、ということになった。

開き直って、犬がいたときは旅行もままならなかったが、これは米《マイ》が置き土産としてプレゼントしてくれたのかもしれない、と考えることにした。

コロナウィルス感染拡大による経済の落ち込みを支援する意味で、ワクチン接種の証明書を見せれば、宿泊料が二十パーセント割引になり、なおかつお土産を買うクーポンが各自に三千円も付いてくる。

年老いた母を連れて、東京都心の高級ホテルに一泊する。夕食はホテル内のレストランで松茸料理を食べた。

米ちゃんありがとうね。あなたのおかげで、少し元気が出てきたよ。

最後の友

「ウィペットなら、また飼ってもいいな」

何かの話のはずみで、夫がぽろっと思いを漏らした。

自分たちの年齢を考えると、犬も猫も飼うのはもうよしたほうがいいと考えていた。最後まで面倒を見るなら、あと十五年ぐらいは自分たちが十分に健康でいなくてはならない。飼い犬が病気になったら、獣医さんへ連れて行かなければならないし、散歩や諸々の面倒をしっかり見てやらなければ。

牧場のような広い庭で飼うわけではないので、自分たちで飼える犬の数は知れている。ならばと一匹を見送ったら、次は同じ犬種は飼わずに、違う犬種を飼ってきた。犬種ごとの性格の違いも面白いだろうし、思い出が重複せずに済むからだ。犬好きの中には、常に同じ犬種を飼い続ける人もいる。

確かに私たちは今からセント・バーナードやバーニーズ・マウンテン・ドッグのような大型犬は飼えないが、ウィペットの性格からして、散歩さえしっかりしてやればあとはおとなしく家にいる。

こう毎日が灰色に淀んでいては、健康な人間でさえ心は鬱々《うつうつ》として沈みっぱなし。この際、犬を亡くして穿《うが》たれた胸の穴は、新たな犬をもって埋めるしかない、と変な結論に到達した。

米《マイ》が本当は最後の犬のはずであった。平均的な寿命でいえば、もうあと五、六年ぐらいは生きたはずだ。が、たった七歳であの世へ逝ってしまった。

いわば道半ばにして、走りたくても走れなくなってしまったようなもの。途中でやむなく棄権してしまった選手の代走がいたっていいではないか。駅伝の選手だって、タスキは繋がらなくても、制限時間が過ぎれば次の選手は無念ながら繰り上げスタートするではないか。

そう、まだゴールは見えていない。いずれ到達するゴールに向かって、何が何でも走り続けなければならない。

最後まで自分らしく走り切る、それが最後の使命か。

かくして、米の四十九日の翌日、毛色の違う新たなウィペットを最後の走者として迎えることにした。

名前はもう決まっている。

彼の名は、「純《ジュン》」。

お下がり

私には三つ年上の姉がいる。

洋裁が得意な母は、小学生の姉と私におそろいの服を作ってくれた。昭和三十年代から四十年代は、経済が戦後の復興から成長へと大きく動いていた。が、既製服がふんだんに売られているわけではなく、母は生地を買い求め、型紙をあてて裁断し、足踏みミシンでカタカタと縫い上げた。

今でも鮮明に憶えているのだが、明るい紺地に赤や黄、緑などの細い格子縞の生地で、細身の姉には胸ポケットの付いたジャンパースカートを縫い上げた。それが私のものはというと、ジャンパーではなく吊り紐の付いたスカート。ただ、吊り紐がかなり幅広で十センチぐらいあったと記憶する。今思えばかなり斬新なデザインだった。

「なぜお姉ちゃんはジャンパースカートなのに、私はそうじゃないの」と私は膨れた。

「生地が足りなくなっちゃったから」と、母はすまなそうな顔をする。

姉のピアノの発表会用に、母は半袖ワンピースを縫い上げた。薄紫に小花が散る柄で、ロー・ウエストの切り替えがあるギャザー・スカート。切り替えラインには濃い紫のシフォンの細いリボンがあしらわれ、スカートがふわりと広がるように、チュールのアンダースカートが付いていた。

それを着た姉はお姫さまのようで、演奏する優雅なメヌエットにとても似合っていた。私はひそかにそのワンピースをいつか自分が着るのだと、憧れと希望を胸に抱いていた。が、翌年、私が実際に着てみると、骨太な身体が収まってくれない。鏡に映ったのは、繊細なデザインとがっちりした体形が喧嘩をする、ありあわせの服を着た案山子《かかし》の姿だった。

私が中学に上がると、姉は高校生。その頃には身長はほぼ同じ、体重は十分に姉を超えていた。かくして高校、大学はお下がりではなく、それぞれの服装でそれぞれの道を歩んだ。

昔から、我が家には必ず犬が飼われていた。

結婚して戸建ての家に住み始めると、まずはビーグル犬、次にダックスフントを飼った。犬は人間の七倍の速さで歳をとるという。ダックスフントが老成した頃、黒ラブの子を友人宅からもらい受けた。

寿命が尽きる前に次の犬を飼い始めると、老犬が若者を教育するとわかったので、黒ラブが十三歳を過ぎる頃、ウィペットを飼い始めた。

そのウィペットは白い毛に覆われていた。流線形のしなやかな体形で、イギリスでドッグレース用に育成されたというだけあって運動が大好き。ほっそりした頭部、そして脚がすらりと長い点では、パリコレのモデルのようだった。顔は細面で、顎が張っていないので、ハーフチョークと呼ばれる幅広な首輪を特注した。

ウィペットは中型犬だが、体に貼り付いた毛のために異常なほどの寒がり。冬は何か着用しないと、見るも憐れに体を小刻みに震わせる。

既成服を着せる。胴回りで選ぶと背中がつんつるてん。背中の長さに合わせて服を買うと、今度は胴回りがぶかぶか。かくして、服も特注することとなった。幾何学模様でも花柄でも、青でも赤でも、白い犬は素敵に着こなした。

ある時、腎臓を患っていることが判明した。獣医さんに行って点滴をする。週に二度が、三度になり、ほぼ毎日通うこともあった。点滴に十一か月通ったところで、命の火が消えた。

もう最後と思って飼った犬に七歳で死なれてしまうと、心にぽっかり穴があいた。ため息混じりにしょんぼり散歩をしていると、徘徊老人に間違われそうだ。

犬のいない生活に耐えられずに、四十九日の翌日、ブリーダーからまたウィペットをもらい受けてきた。今度はベージュと黒の虎模様。

毎日の散歩を楽しく再開する。木枯らしの吹く朝は、寒さしのぎにと死んだ犬が残していったウエアを着せる。さすがにまだぶかぶかで、クリップでつまんで調整する。が、どれを着せても、ちっとも似合わない。成長が終わるまではお下がりで我慢してね、と茶色、紺色、あるいはオレンジ色とあれこれ着せるが、まったく似合わない。

虎模様が邪魔をして似合わないのなら、いっそのこと黒無地を買ってみた。すると、時代劇に登場する、夜陰に紛れて走る盗賊のような風体になってしまって、すすけた鼻先がまさにコソ泥めいた人相になった。

脚は長いが死んだ犬よりがっしりと太め。肉球もたっぷり付いていて、家の中でフロアを走るとぱたぱたと派手な足音をたてる。何やら武骨な田舎者のイメージが浮かぶ。散歩で出会った人は、オリーブ色の瞳を見て「宇宙人みたい」と感想を述べた。

あなたはコソ泥か、それとも宇宙人なのね、とからかいながら、ふと気がついた。姉のお下がりのワンピースが似合わなかった自分と同じではないか。

服が似合うか、似合わないか。真っ白な犬と比較してあれこれ言っても、どうしようもない。生まれつき武骨もの同志、いつまでも一緒に歩いていかれたら、まさに最良の友ではないか。

明日も一緒に歩こうね、と人間のベッドで丸くなっている犬に声をかける。眠そうな目がしょぼしょぼ瞬きをする。

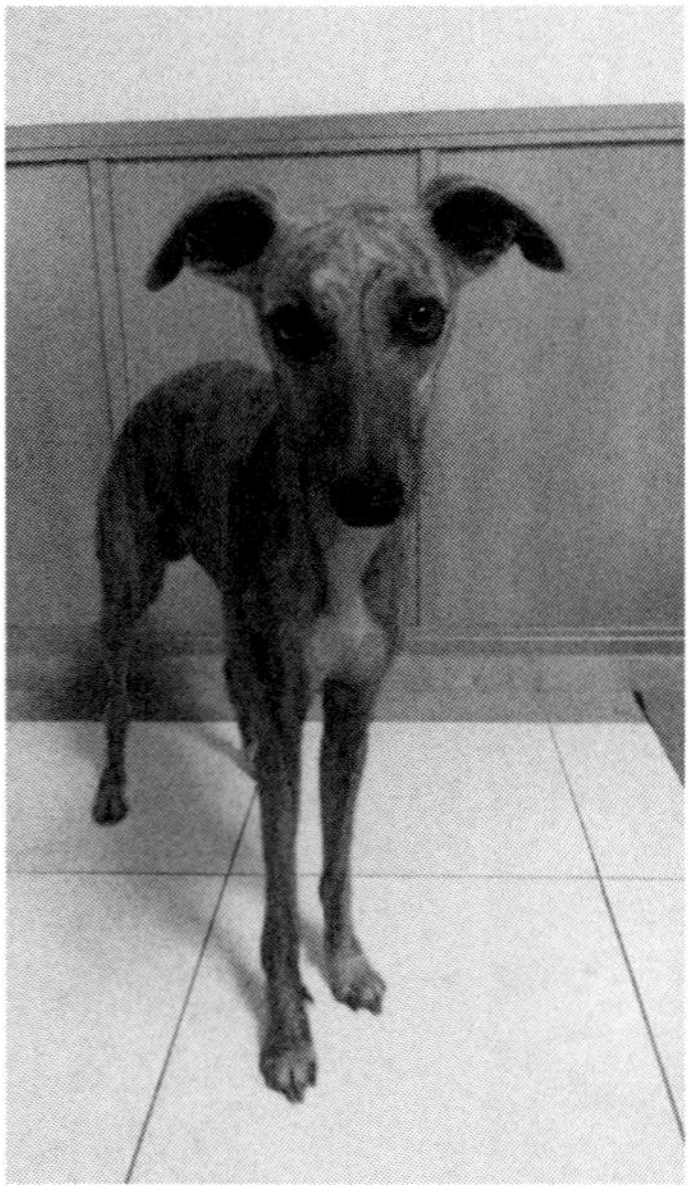

脚が長いね。毎日一緒に歩こうね。

あとがき

人生には、さまざまな出会いもあれば別れもあります。

家族との別れ、あるいはかわいがっていたペットとの別れ。別れはつらく寂しいものですが、互いの魂に触れ、気持ちを通じ合い、喜怒哀楽を分かち合った時間、それは何ものにも代えがたい宝物として心に刻まれます。

時代とともに新しい発明や進歩がある一方で、廃《すた》れ消え失せていくものもあり、それはそれで大切に記憶に留めておきたいものです。

私は四十年近く会社経営に携わってきましたが、さまざまな喜びと苦労、達成感とやるせなさを人並みに経験しました。その間、常に犬や猫が傍らにいました。彼らはただ居るだけでよいのです。一緒に生活することで人間の心を和らげ、ときには愚痴も聞いてくれ、ストレスや無念な思いを緩和してくれました。本当にわかっている顔つきで、じっと人の顔をのぞき込んでいるかと思うと、「何言ってんだよ」と知らんふりを決め込む、あるいは「ねえねえ、遊んでよ」と甘えてきます。

彼らは家族の一員であり、人間と対等に暮らしを営む存在でもあるのです。

そんな犬や猫のおかげでどれほど救われたことでしょう。二十代後半から七十歳になる一歩手前まで、犬や猫とともに暮らした私の日々を振り返って、本書『犬のバトン』が生まれました。

七十歳を過ぎると新たなペットを迎えることも不可能となります。最後まで面倒を見るのが飼い主の責任だからです。が、身勝手を言わせてもらえるならば、最後は愛犬とともに虹の橋を渡っていきたい。三途の川の向こうに、今まで飼った犬や猫、先に旅立った家族が総出で、笑顔でわいわい迎えてくれるなら、あの世へ行くのもまんざらでもないなと思うのです（笑）。

旅立った家族への鎮魂歌として、今まで私を励ましてくれた犬や猫たちの小さな命へのオマージュとして、また世の中の犬好き・猫好きに捧げるエピソードとして、読者にとって本書がほんの少しでも胸に温もりをもたらすスパイスとなれば幸いです。

この頃の世界情勢を考えると、争いごとが絶えない毎日が続いています。命に感謝と敬意を払うことで、さらなる命へとバトンが繋がってゆき、心の休まる平和な世が訪れることを切に祈るばかりです。

出版に際し、幻冬舎ルネッサンス局のみなさんには大変お世話になりました。ここに御礼申し上げます。

二〇二四年十二月

〈著者紹介〉

竹本祐子（たけもと ゆうこ）

昭和29年生まれ。長野県松本市在住。

上智大学卒業後、英文翻訳をするかたわら、家業の造り酒屋を継ぐこととなり、38年間酒造業を営む。

その間、小説を2冊、絵本2冊出版。信濃毎日新聞の地元紙・松本平タウン情報に21年間月1～2回の割合でコラムを掲載。

エッセイ集を1冊出版。

2021年会社を退き、現在はフリーのエッセイスト。日本エッセイスト・クラブ会員。

筆歴
翻訳　　『クイーンたちの秘密』オレイニア・パパゾグロウ著
（早川書房、1988年）
小説　　『華燭』（双葉社レディース文庫、1987年）
『銀の砂』（双葉社レディース文庫、1988年）
エッセイ　信濃毎日新聞・松本平タウン情報「展望台」
1996年7月より　2018年3月まで448篇掲載
エッセイ集『酒蔵と猫』（郷土出版社、2005年）
エッセイ集『ことばの匂い』
（幻冬舎メディアコンサルティング、2023年）
絵本　　『桜の花の散る頃に』（郷土出版社、2014年）
『上高地から帰ってきた犬』（郷土出版社、2015年）

犬《いぬ》のバトン

2024年12月20日　第1刷発行

著　者　　竹本祐子
発行人　　久保田貴幸

発行元　　株式会社 幻冬舎メディアコンサルティング
〒151-0051　東京都渋谷区千駄ヶ谷4-9-7
電話　03-5411-6440（編集）

発売元　　株式会社 幻冬舎
〒151-0051　東京都渋谷区千駄ヶ谷4-9-7
電話　03-5411-6222（営業）

印刷・製本　中央精版印刷株式会社
装　丁　　立石愛

検印廃止

Printed in Japan
ISBN 978-4-344-69175-9 C0095
幻冬舎メディアコンサルティングＨＰ
https://www.gentosha-mc.com/